近地目标探测的天基篱笆

吴连大　熊建宁　吴功友　著

科学出版社

北京

内 容 简 介

　　本书重点研究一种近地空间目标的天基探测系统——天基篱笆：在太阳同步轨道上安置若干个探测平台，每个平台安装两个望远镜，一个向前，一个向后，使得望远镜视场组成一个观测篱笆。由于它是天球上的大圆，每一个近地目标的轨道面（也是大圆），与该篱笆均有两个交点，因此，所有目标每一圈均能观测到两次，其中至少有一次没有地影，这就实现了 200～1500 km 目标探测的全覆盖。此外，本书对平台高度和平台个数的关系、望远镜的视场、望远镜的指向及天基篱笆的探测星等和探测目标的大小、目标关联方法、新目标捕获方法与定轨精度等关键问题进行了研究。

　　本书适合于天文和航天专业的研究生阅读，也可供空间目标天基探测领域的专业工作者参考。

图书在版编目（CIP）数据

　　近地目标探测的天基篱笆/吴连大，熊建宁，吴功友著. —北京：科学出版社，2022.4
　　ISBN 978-7-03-071896-9

　　Ⅰ. ①近…　Ⅱ. ①吴…　②熊…　③吴…　Ⅲ. ①空间探测　Ⅳ. ①V1

　　中国版本图书馆 CIP 数据核字（2022）第 043974 号

责任编辑：胡　凯　沈　旭　石宏杰/责任校对：杨聪敏
责任印制：张　伟/封面设计：许　瑞

科 学 出 版 社 出版
北京东黄城根北街 16 号
邮政编码：100717
http://www.sciencep.com

北京九州迅驰传媒文化有限公司 印刷
科学出版社发行　各地新华书店经销
*
2022 年 4 月第 一 版　　开本：720×1000　1/16
2023 年 9 月第二次印刷　　印张：10
字数：198 000

定价：99.00 元
（如有印装质量问题，我社负责调换）

序

　　1957 年 10 月，苏联成功发射了第一颗人造地球卫星，拉开了人类进入空间时代的帷幕。从此以后，世界各空间大国进行了 5000 多次发射，形成了 47000 多个空间目标，现在在轨运行的近地目标约有 15000 个。由于其中有许多军事卫星，为了保障国家的空间安全，规避空间碎片的碰撞，保障航天器的安全，并及时掌握空间态势，世界各空间大国均建立了空间目标监视系统，开展了空间目标的编目工作。空间目标的编目数据，已经被认为是国家的重要资源。

　　1996 年美国成功发射了 MSX 中途空间试验卫星，它利用携带的天基可见光（SBV）探测器，开始了空间目标的天基观测。天基观测与地面观测相比较，有如下明显的优点：

　　（1）天基观测没有白天和黑夜之分，24 小时均可以观测；

　　（2）天基观测不受天气影响，可以进行全天候观测；

　　（3）天基观测的天光背景很暗（暗于 21 等），不受大气消光的影响，因此，同样口径的望远镜，探测能力比地面观测强；

　　（4）平台在空间运动，相当于在全球布站。

　　因此，天基观测已成为空间目标探测今后发展的重点，并对近地空间目标天基观测提出了很高的要求，其中，最重要的要求是：

　　• 空间目标探测全覆盖；

　　• 新目标的及时发现。

　　这里的全覆盖有两层含义：第一是指对空间目标的覆盖率，第二是指对目标运行每一圈的覆盖率，要求轨道数据库每 6 小时更新一次；这里的新目标，包括新发射的目标和变轨目标，要求 1～2 小时就能发现新目标，并测定其轨道。

　　《近地目标探测的天基篱笆》一书中，作者提出了一种沿轨篱笆的概念：在太阳同步轨道上，均匀布设 N 个平台。每个平台安装两个望远镜，一个向前，一个向后，望远镜指向在轨道平面之内，这样，望远镜视场组成一个天基篱笆，在地心天球上的形状就是一个大圆，它与目标轨道（也是大圆）就有两个交点；可以实现每个目标运行一圈，有 1～2 次的观测机会。

作者随后进一步设计了平台高度、望远镜视场和指向，研究了望远镜（口径 20 cm）的探测星等和探测目标尺寸，对沿轨篱笆观测数据的轨道关联方法和定轨精度进行了探讨；并以 8 平台篱笆 4640 个目标编目为例，说明了沿轨篱笆基本可以实现近地目标的全覆盖和新目标的及时发现的探测要求。

该书的几位作者，均长期从事卫星动力学和空间目标探测的研究，有系统的理论知识和丰富的实践经验。因此，该书原理清晰，内容新颖，是空间目标探测领域理论结合实际的典范，可供天文和航天专业的研究生阅读，也可供从事空间目标探测的专业研究者参考。

2021 年 6 月于北京

目　　录

第1章 引　言

1.1　在轨空间目标的现状

60 多年来，世界各国进行的空间发射已经超过 5000 次，空间目标的数量超过 47000 个，美国 CelesTrak 网站给出了目标增长情况（图 1.1），其中，接近一半的目标已经陨落。美国国家航空航天局（NASA）给出了截至 2021 年 1 月 5 日的空间目标数量[1]：在轨的空间目标有 22036 个，其中，近地空间目标有 15724 个，只有 6539 个是工作航天器，其余 15497 个均为空间碎片，现在能跟踪的碎片大小可达 5 cm，但是，在编目库中的碎片，仍然是近地空间碎片大小为 10 cm，同步碎片大小为 1 m。尺度小的空间碎片数量则要多得多，直径大于 1 cm 的空间碎片数量超过了 11 万个，有人甚至说有 40 万个。

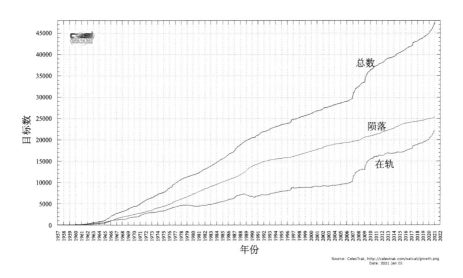

图 1.1　空间目标年增长情况

近年来，各国为了建设天基互联网通信系统，又发射了许多大型卫星星座，平均每个星座有几百个卫星，这也大大增加了在轨空间目标的数量，

表 1.1 给出了这类空间目标的情况。需要特别说明的是，这些卫星星座大多选择了太阳同步轨道，这又增加了空间目标轨道关联的难度。如图 1.2 所示，轨道倾角在 90°～100°的范围内，就集中了 45%的近地空间目标。

表 1.1 国外大型空间目标星座简况

星座名称	公司	国家	用途	卫星数量/部署数量	最终部署时间
OneWeb	OneWeb	美国、英国	高速宽带网络	648/110	2022
Starlink	Space X	美国	宽带互联网	12000/960	2024
Kuiper	Amazon	美国	互联网	3236/0	2029
SpaceMobile	AST & Science	美国	手机宽带	243/0	—
LeoSat	LeoSat	美国	高速数据传输	108/0	暂停
SpaceBEE	Swarm Technologies	美国	低价物联网连接	150/45	2023
NSLSat	NSLComm	以色列	高速宽带传输	100+	2023
TeleSat LEO	TeleSat	加拿大	宽带互联网	298/6	2023
Yaliny	Yaliny	俄罗斯	宽带互联网	135	—
Astrome	Astrome	印度	宽带互联网	150	—
Kepler	Kepler Connections	加拿大	物联网	140	—
Boeing V-band	Boeing	美国	先进通信、互联网	2956	—

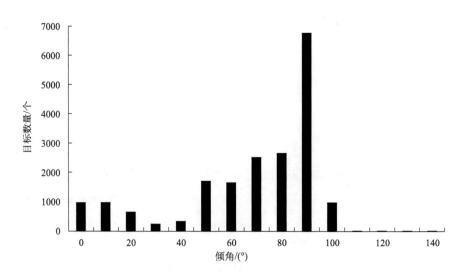

图 1.2 近地空间目标的倾角分布

　　图 1.3 给出了近地空间目标的高度分布。由图 1.3 可见，在 800 km 和 1400 km 附近有两个高峰，空间目标数量比较多。

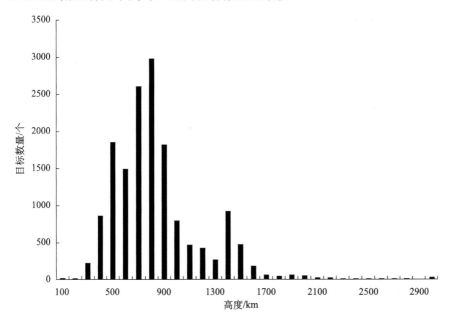

图 1.3　近地空间目标的高度分布

1.2　空间目标观测的需求

　　为了空间安全和航天器的安全，世界上主要的空间大国都建设了空间目标监视系统，进行空间目标编目。现在空间目标观测的要求大致如下。

1.2.1　空间目标探测全覆盖

　　这里的"全覆盖"有两层含义：第一是对空间目标的覆盖率，最好做到所有目标都能被望远镜视场覆盖到，只要望远镜探测能力足够强大，目标就能被观测到；第二是对空间目标运行每一圈的覆盖率，这样观测数据就比较均匀，有利于提高轨道计算的精度。

1.2.2　新目标的及时发现

　　这里的"新目标"指的是新发射的目标和碰撞解体的目标，也包括目标变轨后，需要及时发现并重新测定轨道的目标。最好 1～2 h 就能发现，并测定其轨道。

1.2.3　小目标的探测

考虑到航天器的安全，我们希望监测到尽量小的空间碎片，当然越小越好，最好能观测到直径 1～2 cm 的空间碎片。

1.3　空间目标天基探测的现状

地面观测系统当然不能满足 1.2 节所提及的观测要求，因此，现在世界各国均将研究重点放在空间目标的天基探测上面。

空间目标的天基探测，是指将观测设备安装在天基平台上，对空间目标进行的探测。由于雷达设备需要很大的功率，一时无法进行雷达的天基探测，因此，在现阶段，空间目标的天基探测是指空间目标的光学探测，也就是将光学望远镜安装在卫星平台上对空间目标进行探测的方式（图1.4）。

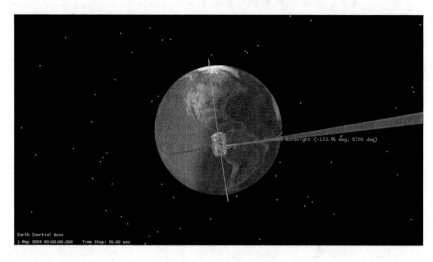

图 1.4　天基探测示意图

1996 年美国成功发射了 MSX（Midcourse Space Experiment）卫星，它利用携带的天基可见光（SBV）探测器[2-4]，开始了空间目标的天基探测。

SBV 探测器的基本指标如下：平台地面高度为 898 km，15 cm 离轴三反式望远镜，焦距为 45 cm，设计光谱范围为 300～900 nm，用 4 个 420×422、27 μm 的电荷耦合器件（charge-coupled device, CCD），视场为 6.6°×1.4°，

探测星等为 14.5 等，探测精度约为 4″。2000 年，SBV 探测器的观测结果正式纳入美国空间监视网（SSN）工作，对地球同步轨道（GEO）目标的编目做出了很大的贡献。

加拿大利用 MOST（Microvariability and Oscillations of Stars）卫星[5]进行对全球定位系统（GPS）卫星的观测之后，掌握了一些天基探测技术，提出了 Sapphire（"蓝宝石"）[6,7]卫星计划和 NEOSSat（近地轨道监视卫星）[8,9]计划。2013 年，加拿大发射了这两个卫星，其平台仍采用明暗界线太阳同步轨道，轨道高度为 786 km。

Sapphire 卫星的探测器也是 15 cm 离轴三反式望远镜，1.4°×1.4°的视场，探测星等为 15 等，相当于 0.9 m 的 GEO 目标。

NEOSSat 探测器的视场要小一些，为 0.85°×0.85°，如果曝光时间为 100 s，可以探测 19.5 等的近地天体，探测的 GEO 目标约为 13.5 等。

2010 年，美国提出了雄心勃勃的 SBSS（Space-Based Surveillance System）计划[10,11]，平台高度降为 630 km，每天工作 24 小时，探测目标包括近地轨道（LEO）目标、GEO 目标和近地小行星；采用 30 cm 离轴三反式望远镜，CCD 像元数为 $2.4×10^6$，望远镜有二维转台，其他指标不详。2010 年首颗卫星发射后，计划可能停了下来，估计是探测器还需进一步改进。

欧洲空间局（ESA）从 2007 年开始了 SBO（天基光学）卫星[5,7]的研究，计划中的卫星指标为：20 cm 折轴施密特望远镜，F/2.05，视场为 6°，2 k×2 k、18 μm 的 CCD，可探测 16 等 GEO 目标，探测精度估计为 3.5″。

以上这些卫星计划的平台均采用明暗界线太阳同步轨道。

除此以外，2013 年，美国还提出了 CubeSat（立方体卫星）[8,9]计划，计划利用 27 个卫星，安置在 GEO 目标轨道上方 500 km 的轨道上，组网对 GEO 目标进行观测，望远镜口径为 5 cm，视场为 30°，由于要避开太阳，平台需要通过调姿观测。

从以上国外的研究情况看，天基探测平台均采用了明暗界线太阳同步轨道。探测对象基本上均是 GEO 目标，探测系统也只包括一个探测平台。

文献[6]也对空间目标的天基探测进行了研究，其中，针对 GEO 目标轨道倾角可能有 20°，探测区域跨越−20°～+20°的纬度范围，以及有短期地影的问题，给出了解决方法；对于近地空间目标，探讨了近地目标探测全覆盖的问题。但是，只研究单平台的天基探测不能满足上述的观测要求，因此，我们必须研究多平台联网的空间目标的天基探测。

1.4 本书的研究内容

本书集中研究近地空间目标的天基探测，因此，本书中所说的空间目标均是近地空间目标。

本书主要研究近地空间目标的天基多平台的联网探测，重点研究一种近地空间目标的天基探测系统——天基篱笆：在一个轨道上安置若干个探测平台，它们的望远镜视场组成一个观测篱笆，由于该篱笆在天球上是一个大圆，每一个近地空间目标的轨道（也是大圆）与该篱笆均有两个交点，因此，所有近地目标每一圈都能进入这个篱笆区域两次。可以证明，其中至少有一次没有地影，因此，所有目标每一圈均能观测到1～2次，实现了近地空间目标天基探测的全覆盖，该系统有利于对空间态势的及时掌握。

本书共分为6章和4个附录，第1章为引言，主要讨论在轨空间目标的现状、空间目标观测的需求、空间目标天基探测的现状并介绍本书的研究内容；第2章为天基探测的基础，主要研究一种探测能力较强的顺光探测方式，并对顺光探测方式的探测能力和优缺点做了讨论；第3章为几种天基篱笆，这是本书的重点，主要提出沿轨篱笆的概念，它是一种形状为大圆的天基篱笆，又对沿轨篱笆的组成、望远镜指向、平台个数、平台高度等做了研究，理论和算例均说明，沿轨篱笆能实现空间目标探测全覆盖，每个目标运行一圈，均可以观测到1～2次，提高了新目标发现的及时性，此外，与顺光篱笆做了比较，还对1～2 cm的小空间碎片的探测可能性做了研究；第4章为轨道关联，这是天基空间目标编目的重点，研究一种针对沿轨篱笆的关联方法，该方法可以对各平台做观测预报，给出空间目标的观测时间、位置和观测平台的序号，减少了候选目标集合的目标数，从而提高了关联的效率；第5章为天基轨道改进，讨论天基探测的定轨方法和定轨精度问题；第6章为天基篱笆近期改进，针对天基探测的现实困难，讨论解决途径，对空间目标天基篱笆的近期发展做了展望；附录研究了在天文历书改进后的坐标变换的复杂概念，给出了一种适合天基探测的坐标变换方法和一些Fortran程序。

希望本书能对有志于空间目标天基探测的年轻人有所帮助，促进我国空间目标探测事业的发展。

第 2 章　天基探测的基础

天基观测与地面观测相比较，有如下明显的优点。

（1）天基观测没有白天和黑夜之分，24 小时均可以观测；

（2）天基观测不受天气影响，可以进行全天候观测；

（3）天基观测的天光背景很暗（暗于 21 等），不受大气消光的影响，因此，同样口径的望远镜，探测能力比地面观测强；

（4）平台在空间运动，相当于在全球布站。

因此，天基探测已成为空间目标探测今后发展的重点。

2.1　探　测　平　台

2.1.1　平台的经典轨道

为使平台与太阳保持比较稳定的关系，天基探测平台的轨道一般采用太阳同步轨道，它有两种过降交点的地方时：6 点和 18 点。平台对地三轴稳定，是一种经典的轨道，这种轨道常称为明暗界线轨道。

所谓太阳同步轨道，就是轨道升交点经度 Ω 的变率与太阳运动速率一样（每天变+0.9856°）的轨道，不同地面高度的太阳同步轨道的倾角是不同的，表 2.1 给出了常见的太阳同步轨道高度和倾角的数值。

表 2.1　常见的太阳同步轨道的高度和倾角

地面高度/km	倾角/（°）	地面高度/km	倾角/（°）	地面高度/km	倾角/（°）
450	97.21	700	98.19	950	99.25
500	97.40	750	98.39	1000	99.48
550	97.59	800	98.60	1050	99.71
600	97.79	850	98.82	1100	99.94
650	97.99	900	99.03	1150	100.18

为了避开太阳，望远镜必须指向反日点一侧，对于 18 点过降交点的轨道，就是指向平台轨道的法线方向 N，对于 6 点过降交点的轨道指向 $-N$：

$$N = \begin{pmatrix} \sin\Omega\sin i_0 \\ -\cos\Omega\sin i_0 \\ \cos i_0 \end{pmatrix} = \begin{pmatrix} \sin(\bar{\alpha}_\odot + t_{\text{local}})\sin i_0 \\ -\cos(\bar{\alpha}_\odot + t_{\text{local}})\sin i_0 \\ \cos i_0 \end{pmatrix} \quad (2.1)$$

式中，i_0 为平台的轨道倾角；Ω 为平台的升交点经度；$\bar{\alpha}_\odot$ 为平太阳赤经（J2000.0 春分点）；t_{local} 为平台过降交点地方时。$\bar{\alpha}_\odot$ 可按下式计算：

$$\bar{\alpha}_\odot = 280.4664444° + 35999.48866°T + 0.0003036°T^2$$
$$T = (\text{JD}(t) - 2451545.0)/36525$$

这种平台轨道有明显的优点：望远镜方向的目标相位角很好，目标较亮，便于探测。

本书中的太阳同步轨道平台根数（a,e,i,ω）的计算方法如下：

$$a = \frac{R_e + 100}{R_e\cos(1.5\pi/n)},$$
$$e = 0.001, \quad \omega = 0,$$
$$n = \sqrt{\frac{\mu}{a^3}}, \quad jp = \frac{3J_2 n}{2p^2}, \quad p = a(1-e^2)$$
$$i = \cos^{-1}\left(\frac{\dot{\Omega}}{jp}\right)$$
$$\Omega = \bar{\alpha}_\odot + t_{\text{local}}$$
$$\lambda = \frac{2\pi(k-1)}{8} \quad (k=1,2,\cdots,8)$$

式中，R_e 为地球赤道半径；μ 为地球引力场常数，$\mu = 398600.4 \text{ km}^3/\text{s}^2$；$J_2 = 0.001082626$；$k$ 为平台序号；n 为平台个数，$n=8$；$\bar{\alpha}_\odot$ 和 t_{local} 的定义同前。

2020 年 12 月 21 日 0 时的 8 个平台根数如表 2.2 所示。

表 2.2　8 个平台根数

MJD	a	i	Ω	$\xi = e\sin\omega$	$\eta = e\cos\omega$	λ	平台
59204	1.2215462	1.7714157	3.1374693	0.0000000	0.0010000	0.0000000	10001
59204	1.2215462	1.7714157	3.1374693	0.0000000	0.0010000	0.7853982	10002
59204	1.2215462	1.7714157	3.1374693	0.0000000	0.0010000	1.5707964	10003
59204	1.2215462	1.7714157	3.1374693	0.0000000	0.0010000	2.3561946	10004
59204	1.2215462	1.7714157	3.1374693	0.0000000	0.0010000	3.1415927	10005
59204	1.2215462	1.7714157	3.1374693	0.0000000	0.0010000	3.9269909	10006
59204	1.2215462	1.7714157	3.1374693	0.0000000	0.0010000	4.7123891	10007
59204	1.2215462	1.7714157	3.1374693	0.0000000	0.0010000	5.4977873	10008

2.1.2　平台姿态和望远镜的安装

天基探测的平台姿态一般选择为三轴稳定姿态，如图 2.1 所示，O 为地心，A 为平台，AD 平行于轨道面法向 N。平台本体坐标系的定义为：X 轴（滚动轴），指向平台前进方向；Z 轴（偏航轴），指向地心；Y 轴（俯仰轴），XYZ 组成右手系。

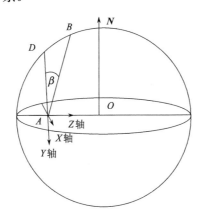

图 2.1　平台本体坐标系和安装角

为了提高望远镜的探测能力，望远镜指向 AB，一般均偏向反日点一边，这种天基探测，由于望远镜方向与太阳光基本一致，因此，称为顺光观测。

AB 与 AD 的夹角为安装角 β（以偏向地心为正）。显然，$\beta=0$ 的安装就是垂直安装。

如果用方位角和高度角来定义望远镜的指向，望远镜指向偏向地心时，高度角为正，方位角从 X 轴起量，到 Y 轴为 $+90°$，这样，图 2.1 的望远镜指向的方位角为 $-90°$，高度角为 β。也就是 N 向平台地心向量 r_0 偏转 $-\beta$ 角。

对于垂直安装，望远镜能看到的目标的最小地心距为 $r_0\cos\alpha$（r_0 为平台地心距），更低的目标就看不到了。如果要看到更低的目标，需要将望远镜偏转一个角度 β，但是，安装角也是有限制的，为了避开地气光，望远镜的安装角不可能无限制扩大，必须满足条件：

$$r_0\cos(\alpha+\beta) \geqslant R_E + H_{min}$$

这里，R_E 为地球半径。于是最大安装角 β 为

$$\beta = \arccos\left(\frac{R_E + H_{min}}{r_0}\right) - \alpha \tag{2.2}$$

由此可以得出结论：对于地心距为 r_0 的平台，假设望远镜的半视场为 α，给定观测目标的最低高度为 H_{min}，式（2.2）就确定了望远镜安装角 β。

一般为了避开地气光，选择 $H_{min} = 100\ km$ 即可，不同的平台高度和 α 对应的 β 角如表 2.3 所示。对于相同的平台高度，$\alpha + \beta =$ 常数。

表 2.3　不同平台高度和 α 对应的 β 角（$H_{min} = 100\ km$）

平台高度/km	$\beta / (°)$		
	$\alpha=10°$	$\alpha=8°$	$\alpha=6°$
600	11.82	13.82	15.82
700	13.76	15.76	17.76
800	15.51	17.51	19.51
900	17.12	19.12	21.12
1000	18.60	20.60	22.60
1100	19.97	21.97	23.97
1200	21.26	23.26	25.26

2.1.3　目标在 CCD 上的坐标

要计算观测数据，首先需要计算平台和目标的地心向量 r_0 和 r，已知 r_0 和 r 后，计算步骤如下。

1）望远镜方向的计算

对于 18 点过降交点的平台轨道，顺光望远镜的指向 W 为

$$W = R\left(-\frac{r_0}{r_0}, \beta\right) N$$

$$\beta = \arccos\left(\frac{R_E + H_{min}}{r_0}\right) - \alpha$$

式中，R_E 为地球半径；$H_{min} = 100\ km$；α 为望远镜半视场；N 和 r_0 为平台轨道面法线和地心向量方向，由轨道根数用以下公式计算：

$$N = \begin{pmatrix} \sin\Omega \sin i \\ -\cos\Omega \sin i \\ \cos i \end{pmatrix}$$

如果望远镜安装在轨道面之内（本书后面称为沿轨篱笆），偏向地心 β 角，向前和向后的望远镜指向分别为

$$W=R\left(\frac{r_0}{r_0},-\beta\right)x , \quad W=R\left(\frac{r_0}{r_0},-\beta\right)(-x)$$

式中，x 为本体坐标系 X 轴的单位向量，即 $x = N \times \dfrac{r_0}{r_0}$。

计算过程中，算子 $R(\boldsymbol{B},b)$ 的定义和计算方法如下：

$$R(\boldsymbol{B},b)A = \frac{\sin(a-b)}{\sin a}A + \frac{\sin b}{\sin a}\boldsymbol{B}$$
$$a = \arccos(\boldsymbol{A}\cdot\boldsymbol{B})$$

式中，$\boldsymbol{A}$ 和 $\boldsymbol{B}$ 必须是单位向量。

2）α 和 δ 的计算

目标方向的单位向量为

$$l = \frac{\boldsymbol{r}-\boldsymbol{r_0}}{|\boldsymbol{r}-\boldsymbol{r_0}|} = \begin{pmatrix}\cos\alpha\cos\delta\\\sin\alpha\cos\delta\\\sin\delta\end{pmatrix}$$

由此即可得到 α 和 δ。

3）CCD 坐标 X 和 Y 的计算

有了望远镜指向 W，则 CCD 坐标系的三个方向可表达如下：

$$Z = W , \quad X = \frac{\dfrac{r_0}{r_0}\times Z}{\left|\dfrac{r_0}{r_0}\times Z\right|} , \quad Y = Z\times X$$

于是，观测方向 l 在 CCD 坐标系中的三个分量为
$$X=l\cdot X, \quad Y=l\cdot Y, \quad Z=l\cdot Z$$

目标的 CCD 坐标为

$$x = \arctan\left(\frac{X}{Z}\right)/N$$
$$y = \arctan\left(\frac{Y}{Z}\right)/N$$

式中，N 为一个像元的角度。

4）判别可见条件

要使目标可见必须同时满足：

$$|X| \leqslant \alpha, \quad |Y| \leqslant \alpha$$

式中，α 为望远镜半视场。

2.1.4　有效载荷

望远镜主要由镜筒（光学系统）、探测器和机架组成。由于本书研究的是空间目标的天基探测，天基探测的望远镜一般是固定安装在平台上面的，没有转台，因此，这里只研究前两个组成部分，即光学系统和探测器。

1）光学系统

空间目标的观测，需要大焦比的光学系统，在许多场合下均希望 F 数 $\left(\dfrac{F}{D}\right)$ 小于等于 1.2，即 $\dfrac{F}{D} \leqslant 1.2$，其中，$D$ 为望远镜口径，F 为焦距。

为了制造方便，研制大焦比望远镜时，口径在 40 cm 以下的望远镜常采用折射式，口径在 40 cm 以上的望远镜则采用主焦点形式。

对于天基探测，特别是地球同步带目标的天基探测，还有一种特殊的光学系统——离轴三反式（也称三镜消像差）望远镜。该系统由三块反射镜组成，三块镜面不全是圆形的，视场也可能是长方形的。Sapphire 卫星使用的离轴三反式系统的示意图如图 2.2 所示[6]。

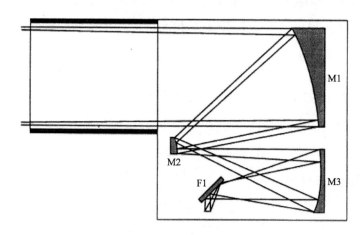

图 2.2　离轴三反式系统光路示意图

离轴三反式望远镜组装后镜筒不再是圆筒形，镜面的尺寸一般要比望远镜通光口径大许多。该系统的优点是：由于系统只有反射镜面，光谱范围较宽，有利于提高探测星等；该系统的星象很好，有利于提高探测精度，只是镜面需要非球面，研制有一点难度，而且焦距变短有一定限制。

研制望远镜首先需要进行光学设计，一般根据科学目标决定望远镜的口径，根据视场和选择的 CCD 靶面大小决定望远镜的焦距。望远镜的设计指标主要如下。

- 光谱范围，一般是 500～800 nm，当然宽一些更好。
- 光学透过率，一般要求在 70%～80%。
- 镜片越少越好，玻璃重量越轻越好。
- 为了研制方便，最好没有非球面。
- 后接距必须满足 CCD 安装的要求，一般要求后接距大于 3 cm。
- 能量集中度 R 与 CCD 像元尺寸相匹配。

应该指出的是，能量集中度的设计结果非常重要，因为我们需要根据能量集中度 R（80%的设计能量集中在以 R 为半径的圆内）来选择 CCD，一般可以选择 CCD 的像元大小与 R 相当。这不仅影响到望远镜的探测能力，还决定了望远镜的探测精度。

2）探测器

望远镜的探测器，最初是人眼，后来是照相底片，现在基本上均用 CCD。
CCD 有许多指标，对于空间目标观测来说，最主要的指标如下。

（1）量子效率，越高越好；

（2）读出速度，越快越好；

（3）读出噪声，越小越好；

（4）靶面大小，大视场需要大靶面；

（5）像元尺寸，高精度需要小像元。

CCD 有许多种类，现在常用 CMOS CCD，这种 CCD 的量子效率可以达到 90%，读出速度很快，噪声只有几个电子，面阵较大，可以达到 8 cm 以上。

下面介绍 CCD 信噪比的计算方法。假定在探测时，落在 CCD 一个像元上的来自观测的光子数为 P，CCD 的量子效率为 Q_E，则 CCD 的信噪比为

$$\frac{S}{N} = \frac{Q_E P}{\sqrt{Q_E P + N_{dark} \times t + \delta_{readout}^2}} \tag{2.3}$$

式中，N_{dark} 为 CCD 暗流；$\delta_{readout}$ 为读出噪声；t 为曝光时间。

对于天文观测来说，来自观测的光子数又分成两个部分：

$$P = P_{obj} + P_{sky}$$

式中，P_{obj} 为目标的光子数；P_{sky} 为天光的光子数。天体观测真正的信噪比为

$$\frac{S}{N} = \frac{Q_E P_{obj}}{\sqrt{Q_E P_{obj} + Q_E P_{sky} + N_{dark} \times t + \delta_{readout}^2}} \tag{2.4}$$

3）现在可以制造的望远镜视场

对于相同大小的 CCD，不同口径的望远镜可以得到的 CCD 视场是不同的。对于 8 cm 的 CCD，假定 F/D=1.2，则可以得到的 CCD 视场如表 2.4 所示。

表 2.4 现在可以制造的望远镜视场

望远镜口径	20 cm	40 cm	80 cm	1 m	1.2 m
CCD 视场	18.9°	9.5°	4.8°	3.8°	3.2°

当然，如果放宽一些星象指标，视场稍大一些也能做到。

2.2 顺光探测的可见范围

2.2.1 可见弧长

如图 2.3 所示，在垂直于平台轨道面的某一剖面上，O 为地心，A 为平台，N 为轨道面法向，AO 为平台的地心距 r_0，AB 和 AC 为望远镜的视场边缘，AD 为望远镜视场中心，$\angle CAD = \angle BAD = \alpha$ 为望远镜半视场。对于地心距为 r 的空间目标，可见的地心张角范围为 $\angle BOC$。

对于垂直安装方式，可以证明，$\angle BOC = \angle 1 + \angle 2$。

利用平面三角知识，可以得到：

$$\begin{aligned} \angle 1 &= \alpha + \theta - \angle B \\ \angle 2 &= \alpha - \theta + \angle C \end{aligned} \tag{2.5}$$

不难证明

$$\theta = \arcsin\left(\frac{r_0}{r}\right), \quad \angle B = \angle C = \arcsin\left(\frac{r_0}{r}\cos\alpha\right) \tag{2.6}$$

于是，

$$\angle BOC = \angle 1 + \angle 2 = 2\alpha \tag{2.7}$$

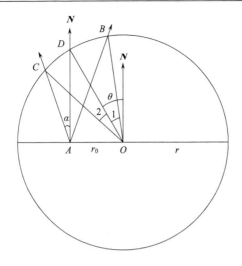

图 2.3 垂直安装的地心距为 r 的目标的可见范围

这就是说，从地心看，空间目标的可见范围的地心张角与望远镜视场相等。这是一个非常重要的结论，它说明天基探测的可见弧长相当大。

如图 2.4 所示，将望远镜安装方向顺时针旋转 β 角，可见弧长 $\overparen{BC}$ 发生了变化。

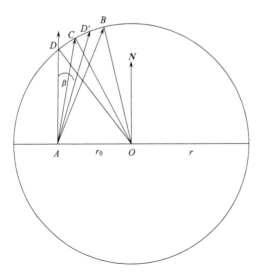

图 2.4 地心距为 r、安装角为 β 的可见范围

可以证明，这时有

$$\overparen{BC} = \angle BOC = 2\alpha - \angle B + \angle C \tag{2.8}$$

式中，

$$\angle B = \arcsin\left[\frac{r_0 \cos(\alpha+\beta)}{r}\right], \quad \angle C = \arcsin\left[\frac{r_0 \cos(\alpha-\beta)}{r}\right] \quad (2.9)$$

式（2.8）只对 $r \geqslant r_0$ 成立，对于 r 和 r_0 的不同情况，$\overset{\frown}{BC}$ 的完整计算公式为

$$\overset{\frown}{BC} = \begin{cases} 2\alpha - \angle B + \angle C, & r \geqslant r_0 \\ 2(\angle C - \angle B), & r_0 > r > r_0 \cos(\beta-\alpha) \\ 2(90° - \angle B), & r_0 \cos(\beta-\alpha) \geqslant r \geqslant r_0 \cos(\alpha+\beta) \\ 0, & r < r_0 \cos(\alpha+\beta) \end{cases} \quad (2.10)$$

在 $\beta > 0$ 时，有 $\angle C \geqslant \angle B$，因此，可见弧长 $\overset{\frown}{BC} > 2\alpha$。平台高度越高，$\beta$ 角越大，则 $\overset{\frown}{BC}$ 越长，当平台高度超过 1000 km 时，$\overset{\frown}{BC}$ 几乎比视场大了两倍，这对增加探测目标的数量非常有利。

2.2.2 可见范围

随着平台的运行，可见弧长会绕轨道面法向旋转，这样，天基探测的可见范围就是可见弧长 $\overset{\frown}{BC}$ 绕轨道面法向转出来的球台侧面。地心距为 r 的空间目标落在这个范围内，如果平台也转到这里，而且没有地影，就可以看到空间目标。

1. 可见区域面积

如图 2.5 所示，O 为地心，A 为平台，N 为望远镜轨道面法向，假设观测平台和空间目标的轨道均为圆轨道，图中球面的半径为目标的地心距 r，OA 为平台的地心距 r_0。假定平台对地定向，望远镜固定安装在平台上，平台运动一圈，目标的可见范围就是 $\overset{\frown}{BC}$ 扫过的区域，即以 $\overset{\frown}{BC}$ 为侧面的球台。球台的侧面积，可按下面的方法进行计算。

1）对于 $r \geqslant r_0$

B 点和 C 点的高为

$$\begin{aligned} H_B &= r\sin[90° - \angle B + (\alpha+\beta)] \\ H_C &= r\sin[90° - \angle C + (\beta-\alpha)] \end{aligned} \quad (2.11)$$

式中，α 为望远镜半视场；β 为望远镜安装角。其中，

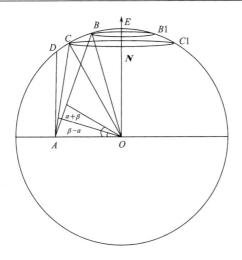

图 2.5　空间目标的可见区域-1

$$\angle B = \arcsin\left[\frac{r_0\cos(\alpha+\beta)}{r}\right],\quad \angle C = \arcsin\left[\frac{r_0\cos(\alpha-\beta)}{r}\right] \quad (2.12)$$

平台转一圈，扫过的区域就是一个球台，球台的高为

$$h = \text{abs}(H_B - H_C) \quad (2.13)$$

球台的侧面积就是

$$S_r = 2\pi r h \quad (2.14)$$

2）对于 $r_0 > r \geqslant r_0\cos(\beta-\alpha)$

如图 2.6 所示，这时可见区域分成两个球台。

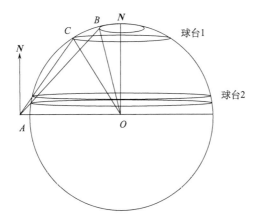

图 2.6　空间目标的可见区域-2

（1）上面的球台的高为

$$h_1 = r[\sin(\alpha + \beta + 90° - \angle B) - \sin(\beta - \alpha + 90° - \angle C)] \quad (2.15)$$

（2）下面的球台的高为

$$h_2 = r[\sin(\beta - \alpha - 90° + \angle C) - \sin(\alpha + \beta - 90° + \angle B)] \quad (2.16)$$

于是，两个球台的总面积为

$$S_r = 2\pi r(h_1 + h_2) \quad (2.17)$$

3）对于 $r_0 \cos(\beta - \alpha) > r \geqslant r_0 \cos(\alpha + \beta)$

如图 2.7 所示，这时球台的高为

$$h = r[\sin(\alpha + \beta + 90° - \angle B) - \sin(\alpha + \beta - 90° + \angle B)] \quad (2.18)$$

于是，球台面积为

$$S_r = 2\pi r^2[\sin(\alpha + \beta + 90° - \angle B) - \sin(\alpha + \beta - 90° + \angle B)] \quad (2.19)$$

在以上公式中，令 $r = 180 / \pi$（一个弧度），即可得到不同平台和目标高度的可见区域面积（平方度①），即球台的侧面积，请参见表 2.5。

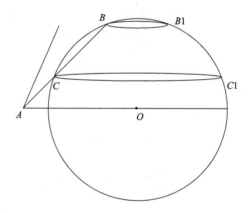

图 2.7　空间目标的可见区域-3

2. 无地影可见区域面积

由于可见区域中是有地影的，目标高度不同，一年四季不同，地影区域也不同，如图 2.8 所示，以 $\overline{S}$ 为反日点，以 ψ 为半径的区域为地影区。其中，

---

① 平方度为非法定单位，指在半径为 R 的球体上，取面积为 $\pi R \cdot \pi R / (180 \times 180)$，它对圈心的夹角是 1 平方度。

$\psi = \arcsin\left(\dfrac{R_{\text{地影}}}{r}\right)$，这里，$R_{\text{地影}}$ 为地影半径，取值 6402 km；r 为目标地心距。

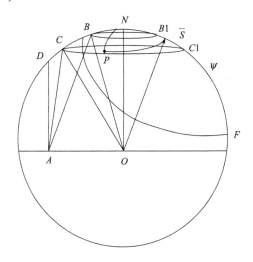

图 2.8　空间目标的无地影可见区域

可见区域中地影区域的面积可以利用定积分方法求得，但是，地影边界线与球台边界的相交有多种情况，比较复杂，因此，不如利用蒙特卡罗方法计算来得简单。应该指出：这种方法通过一次投点，即可求出多个地影区的面积比例，其方法如下。

如图 2.8 所示，在球台侧面（一半）均匀投 N 点，投点 P 位置用 λ、δ 表示，其中，λ 为 NB 与 NP 的夹角，δ 为 $\overset{\frown}{NP}$ 的弧长，于是：

$$\lambda = 180° \times R_1, \quad \delta = \delta_B + \overset{\frown}{BC} \times R_2 \tag{2.20}$$

式中，R_1 和 R_2 为 0～1 之间均匀分布的随机数。

假设已知 $N\overline{S}$，即

$$N\overline{S}_j = i_0 - 90° - \delta_{\odot}$$

式中，i_0 为平台倾角；$\delta_{\odot}$ 为反日点赤纬，于是

$$\cos \overline{S}P_j = \cos\delta\cos N\overline{S}_j + \sin\delta\sin N\overline{S}_j\cos(180° - \lambda) \tag{2.21}$$

如果 $\cos \overline{S}P_j \geqslant \cos\psi$，$P$ 点在地影中，地影内计数加 1，如投点总数为 N，假定投点结束后，地影内计数为 n，则无地影空间区域面积为

$$\text{无地影区域面积} = \text{可见范围面积} \times n/N \tag{2.22}$$

吴连大等[6]利用 11 个反日点位置计算了平均无地影区域比例，结果如表 2.5 所示。由表 2.5 可见，如果采用 2.1 节的顺光观测方式，天基探测的

地影是比较大的，在大多数情况下，地影区域占了整个可见区域的一半以上。要实现空间目标的全覆盖探测是有困难的。

表 2.5　可见区域面积（平方度）和平均无地影区域比例

目标高度/km	ψ	平台高度/km							
		700		900		1100		1300	
		可见区域面积	无地影区域比例	可见区域面积	无地影区域比例	可见区域面积	无地影区域比例	可见区域面积	无地影区域比例
400	70.823	4754.158	0.553	4623.516	0.391	4499.862	0.278	4382.649	0.213
500	68.556	8144.710	0.613	7920.896	0.483	7709.055	0.383	7508.249	0.307
600	66.554	10402.109	0.652	10116.263	0.540	9845.707	0.451	9589.246	0.379
700	64.753	12178.239	0.680	11843.586	0.579	11526.833	0.499	11226.582	0.433
800	63.110	10018.337	0.612	13290.148	0.611	12934.707	0.536	12597.784	0.475
900	61.597	9220.094	0.579	12804.575	0.593	14153.998	0.565	13785.314	0.507
1000	60.192	8690.429	0.555	10652.619	0.526	15232.557	0.589	14835.779	0.534
1100	58.881	8287.229	0.537	9744.802	0.493	11996.526	0.503	15778.712	0.557
1200	57.650	7958.278	0.522	9121.660	0.469	10542.045	0.456	16634.299	0.577
1300	56.491	7678.357	0.508	8639.577	0.450	9700.406	0.426	11177.446	0.432
1400	55.394	7433.345	0.497	8243.302	0.434	9084.099	0.404	10102.672	0.397
1500	54.354	7214.542	0.488	7905.177	0.421	8591.848	0.385	9365.781	0.371
1600	53.364	7016.211	0.479	7609.259	0.410	8179.527	0.370	8793.160	0.351
1700	52.421	6834.372	0.473	7345.481	0.400	7823.476	0.357	8320.908	0.335
1800	51.519	6666.148	0.466	7107.072	0.391	7509.407	0.346	7917.292	0.320
1900	50.657	6509.388	0.460	6889.248	0.382	7227.982	0.336	7563.961	0.308
2000	49.830	6362.447	0.455	6688.503	0.376	6972.740	0.328	7249.248	0.298

众所周知，天基没有天光，可以实现 $7\,\mathrm{d} \times 24\,\mathrm{h}$ 探测，但是，由于有地影，仍然不能实现全天候观测。

本书第 3 章将继续讨论避开地影的天基探测，以便实现空间目标的全覆盖探测。

2.3　顺光望远镜的探测能力

2.3.1　目标距离、视运动角速度和曝光时间

为了估计天基平台的探测能力，需要知道目标相对于平台的距离和视

运动角速度，而且我们必须在不知道目标轨道根数时，对距离和速度做出合理的估计。

如图 2.9 所示，假定观测方向 S 点在视场中心线 SN 上，并假定目标的速度也在中心线平面内（如果不满足这两个假定，速度的估计值要小一些），S 点位置用 $\angle NAS \equiv x$ 来表达。于是，对于三种情况（图 2.5～图 2.7），距离 ρ（km）和速度 v[（″）/s]均可用式（2.23）计算：

$$\rho = r_0 \sin x + \sqrt{r^2 - r_0^2 \cos^2 x}, \quad v = \sqrt{\mu\left(\frac{\cos^2 \varepsilon}{r} + \frac{1}{r_0}\right)\frac{1}{\rho}} \times 206265 \quad (2.23)$$

式中，μ 为地球引力场常数，取 398600 km³/s²，而

$$\cos \varepsilon = \frac{r^2 - r_0^2 + \rho^2}{2r\rho} \quad (2.24)$$

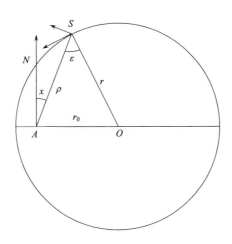

图 2.9　目标的距离和视运动角速度

需要说明的是：在 $r_0 > r$（后两种情况）时，AS 与圆有两个交点，上面计算的结果对应于距离远的一个交点。

假定平台地面高度为 800 km，按式（2.23）计算的目标距离如表 2.6 所示，平台与目标的相对运动速度为 $\sqrt{\dfrac{\mu}{r_0}} + \sqrt{\dfrac{\mu}{r}}$。假设望远镜口径为 20 cm，焦距为 22.685 cm，CCD 为 8 k×8 k、10 μm，CCD 视场为 20°×20°，望远镜的能量集中度为 10 μm，天基天光为 22 等，对于观测方向 $\delta - \alpha \leqslant x \leqslant \delta + \alpha$，不同目标高度的目标距离见表 2.6，视运动角速度见表 2.7，目标曝光时

间见表 2.8。

表 2.6　不同目标高度的目标距离　　　　　　　（单位：km）

$x/$（°）	目标高度/km											
	400	500	600	700	800	900	1000	1200	1400	1600	1800	2000
5.51	0	0	0	0	1379	2075	2530	3215	3763	4239	4668	5065
7.51	0	0	0	0	1877	2463	2886	3543	4077	4545	4968	5360
9.51	0	0	0	0	2372	2875	3264	3890	4408	4865	5280	5666
11.51	0	0	0	2224	2865	3303	3660	4253	4753	5198	5605	5984
13.51	0	0	0	2855	3354	3741	4070	4629	5110	5542	5939	6312
15.51	0	0	2844	3423	3839	4185	4488	5016	5478	5896	6283	6647
17.51	0	2830	3514	3960	4320	4632	4912	5411	5853	6257	6634	6990
19.51	2805	3635	4105	4477	4795	5080	5340	5811	6234	6625	6991	7339
21.51	3793	4279	4656	4978	5264	5526	5769	6214	6620	6997	7353	7691
23.51	4482	4860	5181	5466	5727	5969	6197	6619	7008	7372	7717	8047
25.51	5086	5403	5685	5943	6183	6409	6623	7023	7396	7748	8083	8404

注：表中数据为 0 者，表示 AS 与圆没有交点，目标不可见。

表 2.7　不同目标高度的视运动角速度　　　　［单位：（″）/s］

$x/$（°）	目标高度/km											
	400	500	600	700	800	900	1000	1200	1400	1600	1800	2000
5.51	0	0	0	0	2228	1475	1206	943	800	706	637	584
7.51	0	0	0	0	1637	1243	1057	856	739	658	599	552
9.51	0	0	0	0	1295	1065	935	779	683	615	563	522
11.51	0	0	0	1386	1072	927	834	713	633	576	531	494
13.51	0	0	0	1080	916	818	750	655	589	540	501	468
15.51	0	0	1088	901	800	731	680	604	550	507	473	445
17.51	0	1097	880	778	711	661	621	560	514	478	448	423
19.51	1111	854	754	689	641	603	571	521	483	452	425	403
21.51	822	726	664	619	583	554	529	488	455	428	404	384
23.51	695	639	597	564	536	513	492	458	430	406	385	367
25.51	613	575	544	519	497	477	460	431	407	386	368	352

注：表中数据为 0 者，表示 AS 与圆没有交点，目标不可见。

表 2.8　不同目标高度的目标曝光时间　　　　（单位：ms）

x/（°）	目标高度/km											
	400	500	600	700	800	900	1000	1200	1400	1600	1800	2000
5.51	0	0	0	0	12	18	22	28	34	38	42	46
7.51	0	0	0	0	16	21	25	31	36	41	45	49
9.51	0	0	0	0	21	25	29	34	39	44	48	52
11.51	0	0	0	19	25	29	32	38	43	47	51	55
13.51	0	0	0	25	29	33	36	41	46	50	54	58
15.51	0	0	25	30	34	37	40	45	49	53	57	61
17.51	0	24	30	35	38	41	43	48	52	56	60	64
19.51	24	31	36	39	42	45	47	52	56	60	64	67
21.51	33	37	41	44	46	49	51	55	59	63	67	70
23.51	39	42	45	48	50	53	55	59	63	67	70	74
25.51	44	47	50	52	54	57	59	63	66	70	74	77

注：表中数据为 0 者，表示 AS 与圆没有交点，目标不可见。

2.3.2　探测星等

一个目标是否可以被探测到，可以根据信噪比来判断，一般认为信噪比大于 4 时，目标可以被探测到。

同样，假定平台地面高度为 800 km，按式（2.23）计算目标距离如表 2.6 所示，平台与目标的相对运动速度为 $\sqrt{\dfrac{\mu}{r_0}}+\sqrt{\dfrac{\mu}{r}}$。假设望远镜口径为 20 cm，焦距为 22.685 cm，CCD 为 8 k×8 k、10 μm，CCD 视场为 20°×20°，望远镜的能量集中度为 10 μm，天基天光为 22 等，对于观测方向 $\delta-\alpha\leqslant x\leqslant\delta+\alpha$，相位角为 30°，天基望远镜的探测星等如表 2.9 所示。

2.3.3　探测目标的大小

目标星等可用式（2.25）计算：

$$m=1.4-2.5\lg\gamma-5\lg D+5\lg\rho+\Delta m(\sigma) \qquad (2.25)$$

式中，γ 为目标表面漫反射系数；D 为目标直径（cm）；ρ 为目标到观测站的斜距（km）；$\Delta m(\sigma)$ 为目标相位角 σ 的函数，相位角 σ 是太阳至目标和观测站至目标两条连线间的夹角，$\Delta m(\sigma)$ 的计算公式如下：

表 2.9　天基望远镜探测星等

$x/$ (°)	目标高度/km											
	400	500	600	700	800	900	1000	1200	1400	1600	1800	2000
5.51	0.0	0.0	0.0	0.0	11.9	12.3	12.5	12.8	13.0	13.1	13.2	13.3
7.51	0.0	0.0	0.0	0.0	12.2	12.5	12.7	12.9	13.0	13.2	13.3	13.3
9.51	0.0	0.0	0.0	0.0	12.5	12.7	12.8	13.0	13.1	13.2	13.3	13.4
11.51	0.0	0.0	0.0	12.4	12.7	12.8	12.9	13.1	13.2	13.3	13.4	13.5
13.51	0.0	0.0	0.0	12.6	12.8	12.9	13.0	13.2	13.3	13.4	13.4	13.5
15.51	0.0	0.0	12.6	12.8	13.0	13.1	13.1	13.3	13.3	13.4	13.5	13.6
17.51	0.0	12.6	12.9	13.0	13.1	13.2	13.2	13.3	13.4	13.5	13.6	13.6
19.51	12.6	12.9	13.0	13.1	13.2	13.3	13.3	13.4	13.5	13.5	13.6	13.7
21.51	12.9	13.1	13.2	13.2	13.3	13.3	13.4	13.5	13.5	13.6	13.7	13.7
23.51	13.1	13.2	13.3	13.3	13.4	13.4	13.5	13.5	13.6	13.7	13.7	13.8
25.51	13.2	13.3	13.4	13.4	13.5	13.5	13.5	13.6	13.7	13.7	13.8	13.8

注：表中数据为 0.0 者，表示 AS 与圆没有交点，目标不可见。

$$\Delta m(\sigma) = -2.5\lg[\sin\sigma + (\pi - \sigma)\cos\sigma]$$

假定 $\gamma = 0.3$，$-2.5\lg\gamma = 1.31$，相位角为 $30°$，$\Delta m(\sigma) = -1.105$，则有

$$m = 1.4 + 1.31 - 5\lg D + 5\lg\rho - 1.105 \approx 1.61 - 5\lg D + 5\lg\rho \tag{2.26}$$

假定望远镜的探测星等为 m 等，则有

$$D = 10^{\frac{-m+1.61}{5} + \lg\rho} = 10^{\frac{-m+1.61}{5}}\rho \tag{2.27}$$

与表 2.9 对应的算例，可探测目标的大小如表 2.10 所示。由于目标的表面漫反射系数 γ 不一定等于 0.3，因此，表中所列数据仅供参考。

表 2.10　望远镜探测目标尺寸（相位角=30°）　　　　（单位：cm）

$x/$ (°)	目标高度/km											
	400	500	600	700	800	900	1000	1200	1400	1600	1800	2000
5.51	0.0	0.0	0.0	0.0	12.1	15.1	16.8	18.6	19.8	21.3	22.4	23.3
7.51	0.0	0.0	0.0	0.0	14.3	16.4	17.5	19.6	21.5	21.9	22.8	24.6
9.51	0.0	0.0	0.0	0.0	15.7	17.4	18.9	20.5	22.2	23.4	24.2	24.9
11.51	0.0	0.0	0.0	15.5	17.3	19.1	20.2	21.4	22.9	23.9	24.6	25.1
13.51	0.0	0.0	0.0	18.1	19.4	20.7	21.5	22.3	23.5	24.3	26.0	26.4

续表

$x/(°)$	目标高度/km											
	400	500	600	700	800	900	1000	1200	1400	1600	1800	2000
15.51	0.0	0.0	18.0	19.8	20.2	21.1	22.6	23.0	25.2	25.9	26.3	26.6
17.51	0.0	17.9	19.4	20.9	21.8	22.3	23.6	24.8	25.7	26.2	26.5	28.0
19.51	17.8	20.1	21.6	22.5	23.1	23.3	24.5	25.5	26.1	27.7	28.0	28.0
21.51	20.9	21.5	22.4	23.9	24.2	25.4	25.3	26.0	27.7	28.0	28.1	29.4
23.51	22.6	23.4	23.8	25.1	25.1	26.2	26.0	27.7	28.0	28.2	29.5	29.4
25.51	24.5	24.8	24.9	26.1	25.9	26.8	27.7	28.1	28.3	29.6	29.5	30.7

注：表中数据为 0.0 者，表示 AS 与圆没有交点，目标不可见。

2.4　提高望远镜探测能力的途径

2.4.1　星象信噪比分析

望远镜的探测能力与 CCD 的信噪比有关，如果忽略 CCD 的读出噪声和暗流，则信噪比可表示为

$$S/N = \frac{P_{obj}}{\sqrt{P_{obj}+P_{sky}}} \tag{2.28}$$

式中，P_{obj} 为一个像元上的目标信号的光子数；P_{sky} 为一个像元上的天光信号的光子数。它与望远镜口径 D^2、CCD 量子效率 Q_E 及曝光时间 t 成正比，即

$$S/N \propto D\sqrt{Q_E t} \tag{2.29}$$

因此，为了提高信噪比，无非是选择以下三种方法。

（1）扩大望远镜口径；

（2）延长曝光时间；

（3）提高 CCD 的量子效率。

2.4.2　四种提高探测能力的途径

2.4.1 节中的三种提高信噪比的方法，对天基探测均较难实施，口径增加则有效载荷重量增加很快，望远镜口径增加 1 倍，其重量估计要增加 2.7 倍；现在 CCD 的量子效率已达 90%，再提高的余地已经不大了；延长曝

光时间需要望远镜持续跟踪，天基探测也较难实施。

经研究，也许以下四种方法对天基探测比较有效。

1）降低信噪比探测门限

在探测空间目标时，总要确定一个探测门限，即认为当 $S/N \geqslant k$ 时，目标可以被探测到。也就是说，望远镜系统的探测能力，实际上取决于 $\dfrac{D\sqrt{Q_E t}}{k}$。

研究图像处理方法，以尽量减小 k，其实际效益与扩大望远镜口径一样重要。举个例子，如果前面计算 20 cm 的望远镜的探测能力，在 k=4 时，探测目标大小为 30 cm，在 k=3 时，望远镜探测目标尺寸如表 2.11 所示。

表 2.11　望远镜探测目标尺寸（相位角=30°，k=3）　　　　（单位：cm）

x/（°）	目标高度/km											
	400	500	600	700	800	900	1000	1200	1400	1600	1800	2000
5.51	0.0	0.0	0.0	0.0	10.0	12.6	14.0	15.5	16.5	17.8	18.7	19.3
7.51	0.0	0.0	0.0	0.0	11.9	13.6	14.5	16.3	17.1	18.2	19.0	19.6
9.51	0.0	0.0	0.0	0.0	13.1	14.5	15.7	17.1	18.5	19.5	20.2	20.7
11.51	0.0	0.0	0.0	12.9	14.4	15.9	16.8	17.8	19.0	19.9	20.4	20.8
13.51	0.0	0.0	0.0	14.4	16.1	17.2	17.8	18.5	19.5	20.2	20.7	22.0
15.51	0.0	0.0	15.0	16.5	16.8	17.5	18.8	19.2	20.0	21.5	21.9	22.1
17.51	0.0	14.9	16.1	17.4	18.1	18.5	19.6	20.7	21.4	21.8	22.1	23.3
19.51	14.8	16.7	18.0	18.7	19.2	19.4	20.4	21.2	21.7	22.0	23.3	23.3
21.51	17.4	17.9	18.6	19.9	20.1	21.1	21.0	21.6	23.1	23.3	23.4	24.4
23.51	18.8	19.4	19.8	20.9	20.9	21.8	21.6	23.1	23.3	23.4	24.5	24.4
25.51	20.3	20.6	20.7	21.7	21.5	22.3	23.1	23.4	23.5	24.6	24.5	25.5

注：表中数据为 0.0 者，表示 AS 与圆没有交点，目标不可见。

由表 2.11 可见，这时望远镜探测目标的大小提高到了 25 cm，相当于口径为 24 cm 望远镜的探测能力，而 k=4 时，只能探测到 30 cm。

如果能将 k 减小一半，它的效果相当于将望远镜口径扩大一倍，这是非常诱人的效果。而且，这种方法几乎不用花钱，是非常经济有效的方法。现在，事后处理信噪比等于 1 的目标，也能探测到，因此，要求在 k=2 时探测到目标，是可能做到的。特别是对于天基探测，因为没有大气干扰，其图像将比地面观测好得多。

2）扩大望远镜口径

扩大望远镜口径当然是最有效的方法，但是，对于天基探测来讲，扩大望远镜口径有两个困难，即

· 增加平台的重量；

· 天基探测需要大视场，但是扩大口径缩小了视场，这对天基探测是致命的。

一般在扩大口径的同时，望远镜的焦距也要增加，对于同样大小的 CCD，望远镜的 CCD 视场就要缩小，如口径扩大 2 倍，望远镜的视场就要缩小 4 倍。因此，我们需要研究不缩小视场的增强望远镜探测能力的方法——捆绑式望远镜。

所谓捆绑式望远镜，就是将 N 个望远镜捆绑在一起，将望远镜指向同一方向，采集相同天区的星象，然后将 N 个 CCD 的图像数据相加处理，得到类似于口径扩大 $\sqrt{N}$ 倍的望远镜的探测能力。

显然，这种方法没有缩小视场，适合于天基探测。

3）加大 CCD 像元尺寸

加大 CCD 像元尺寸，或采用合并方式读出。相当于增加了曝光时间，可以提高望远镜的探测能力。当然，探测精度要降低一些。

4）进行近距离探测

对于地面观测来说，目标的距离由轨道决定，无法缩短。而对于天基观测，我们可以设计平台轨道，使平台与目标的距离接近一些，从而提高天基探测的探测能力。

由式（2.27）可知：距离越短，越能探测到更小的目标。但是，式（2.27）的前提是，两者探测星等是相同的。当距离缩短时，平台与目标的相对运动角速度增加了，曝光时间就会缩短，则望远镜不能探测到相同的星等。因此，我们不能指望距离缩短一半，探测目标的尺寸也缩小一半。经研究，大概只能缩小 $\sqrt{2}$ 倍。

如果将 k 从 4 降为 3，并将 CCD 像元改为 20 μm，则探测目标尺寸如表 2.12 所示。由表 2.12 可见，对于 1500 km 以下的目标，探测目标的大小已接近 7.6～20.5 cm，探测精度约为 $9''$。

表 2.12　望远镜探测目标尺寸（相位角=30°，k=3，像元 20 μm）（单位：cm）

$x/$（°）	目标高度/km											
	400	500	600	700	800	900	1000	1200	1400	1600	1800	2000
5.51	0.0	0.0	0.0	0.0	7.6	9.5	10.6	12.3	13.1	14.1	14.8	16.1
7.51	0.0	0.0	0.0	0.0	9.0	10.3	11.5	12.9	14.2	15.1	15.8	16.3
9.51	0.0	0.0	0.0	0.0	10.4	11.5	12.5	13.6	14.7	15.5	16.0	17.2
11.51	0.0	0.0	0.0	9.8	11.5	12.6	13.4	14.1	15.1	15.8	17.0	17.3
13.51	0.0	0.0	0.0	11.4	12.2	13.0	14.2	15.4	16.2	16.8	17.2	18.3
15.51	0.0	0.0	11.4	12.5	13.4	13.9	14.9	15.9	16.6	17.1	18.2	18.4
17.51	0.0	11.3	12.8	13.8	14.4	15.4	15.6	16.4	17.8	18.1	18.4	19.3
19.51	11.2	13.3	14.3	14.9	15.2	16.1	16.2	17.6	18.1	18.3	19.3	20.3
21.51	13.2	14.2	15.5	15.8	16.7	16.8	17.5	18.0	19.2	19.4	20.3	20.3
23.51	14.9	15.4	16.5	16.6	17.4	17.3	18.0	19.2	19.4	20.4	20.4	21.3
25.51	16.2	16.4	17.2	18.0	17.9	18.6	19.2	19.4	20.5	20.5	21.4	22.2

注：表中数据为 0.0 者，表示 AS 与圆没有交点，目标不可见。

2.5　天基探测的数据处理

本节主要研究天基探测数据的处理，但不包括平台管理业务的内容，如平台的测轨、姿态控制、通信等。

天基探测数据处理，分为星上处理和地面处理两个部分。星上处理部分，主要是图像处理，处理时，需要在星上计算机内存放足够的星表数据，处理得到的是各个目标的观测结果，包括目标临时编号和 t_i、α_i、$\delta_i(i=1,2,\cdots,n)$。地面处理部分，主要是探测数据的轨道关联和编目定轨。轨道关联需要将目标临时编号换成国际编号，因此，需要储存已知目标的轨道数据库，这些轨道要有一定的精度，以便关联目标。为了更新轨道，每个目标还需存放一定时长的观测数据。由于有些数据可能关联失败，这些目标将被判别为未关联目标（UCT），因此，还需有 UCT 的初轨数据库和观测资料库。对 UCT 数据的处理将会确定一些新目标，新目标的编号一般无法自动识别，需要根据情报人工介入。

2.5.1　观测图像处理

望远镜观测一次，就可得到一张 CCD 图像（图 2.10），在图像中，包含许多恒星，有时还有一些目标（不止一个）星象。应该说明，对于天基观测，20°×20°视场中的目标数可能达到 100 个以上。

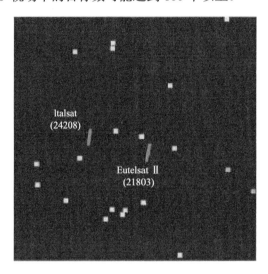

图 2.10　观测得到的 CCD 图像

观测图像处理就是在众多星象中，利用星象特征，找出与恒星不同的目标，并在星表中，找出恒星（定标星）的天球坐标（赤经和赤纬），再利用定标星和目标星象的相对位置，求出目标在天球坐标系中的位置，最后与观测时间一起，得到目标的观测数据：观测时间 t、观测位置的赤经 α 和赤纬 δ。

2.5.2　动目标的提取

图像中所有星象均在运动。平台的姿态不同，望远镜的指向不同，星象的运动也是不同的。恒星星象和目标星象的运动也是不同的。动目标提取，就是在众多运动复杂的星象中识别出空间目标的星象。

近地目标的运动速度较快（表 2.7），动目标的识别比较容易，大基观测的识别方法与地面观测的方法相同，只是由于视场较大，视场中常常有几个目标，要对各个目标分别进行航迹关联，需将连续多帧的同一目标放在一起，得到各个目标的连续观测数据。

经过动目标识别，就可以得到目标的 CCD 坐标 (x, y)，航迹关联后，每个目标均可得到 t_i、x_i、$y_i(i = 1, 2, \cdots, n)$。

2.5.3 天文定位

1. 天文定位的基本原理

天文定位，是根据 CCD 图像中的目标和背景恒星（定标星）的相对位置，给出目标位置的一种定位方式，它是通过建立定标星的理想坐标 (ζ, η) 和量度坐标 (x, y) 之间的映射关系来实现的。天文定位必须已知某一观测时刻 t 的所有定标星的赤道坐标 (α_i, δ_i) 和量度坐标 (x_i, y_i)，目标的量度坐标 (x_s, y_s) 和望远镜中心的赤道坐标 (α_0, δ_0)。

1）定标星的理想坐标 (ζ, η)

理想坐标系是在天球切平面上定义的一种直角坐标系。定标星的理想坐标 (ζ_i, η_i) 和其赤道坐标 (α_i, δ_i) 是一一对应的。它的计算公式为

$$\begin{cases} \zeta_i = \dfrac{\cos \delta_i \sin(\alpha_i - \alpha_0)}{\sin \delta_i \sin \delta_0 + \cos \delta_i \cos \delta_0 \cos(\alpha_i - \alpha_0)} \\ \eta_i = \dfrac{\sin \delta_i \cos \delta_0 - \cos \delta_i \sin \delta_0 \cos(\alpha_i - \alpha_0)}{\sin \delta_i \sin \delta_0 + \cos \delta_i \cos \delta_0 \cos(\alpha_i - \alpha_0)} \end{cases} \tag{2.30}$$

式中，(α_0, δ_0) 为望远镜中心的赤经和赤纬。

2）天文定位的 CCD 图像处理模型

在理想坐标和量度坐标之间建立映射关系，常用的是六常数模型：

$$\begin{cases} \zeta_i = a + bx_i + cy_i \\ \eta_i = d + ex_i + fy_i \end{cases} \tag{2.31}$$

3）恒星星表平位置到观测位置的计算

（1）改正自行。观测时刻恒星的赤经和赤纬为

$$\begin{aligned} \alpha &= \alpha_0^i + \mu_\alpha^i(t - t_0) \\ \delta &= \delta_0^i + \mu_\delta^i(t - t_0) \end{aligned} \tag{2.32}$$

式中，t 为观测时刻；t_0 为星表历元时刻；(α_0^i, δ_0^i) 为赤经和赤纬；$(\mu_\alpha^i, \mu_\delta^i)$ 为赤经自行和赤纬自行，这些数据均由星表给出。

（2）周年光行差改正。由于观测者（平台）随地球公转运动，天体方向发生的变化称为周年光行差。周年光行差使得天体方向向着地球奔赴点方向靠近，光线偏转的角度为

$$\beta = \frac{v}{c}\sin(\alpha - \beta) \doteq 20.496'' \sin\alpha \qquad (2.33)$$

式中，v 为地球运动速度；c 为光速；α 为天体真方向与地球奔赴点方向的夹角。

要特别指出的是：在地球公转时，恒星不随地球运动，因此，有周年光行差；而目标随地球公转，因此，目标没有周年光行差，我们观测到的是恒星为视位置，目标为真位置。

如果在天文定位中，恒星改正了周年光行差（真→视），则计算出目标位置后，目标就不要改正周年光行差了。如果在天文定位中，恒星没有改正周年光行差，则目标位置必须改正周年光行差（真→视）。

（3）平台光行差改正。平台光行差是天基探测才有的光行差，由于平台的运动将发生光线的偏转，光线偏转的角度为

$$\beta = \frac{v}{c}\sin(\alpha - \beta) \doteq 5.124'' \sin\alpha \qquad (2.34)$$

式中，v 为平台运动速度；c 为光速；α 为天体真方向与平台奔赴点方向的夹角。

与周年光行差类似，但是这时恒星和目标均有平台光行差，我们观测到的恒星和目标均是视位置。如果在天文定位中，恒星改正了平台光行差（真→视），则计算出目标位置后，目标就要改正平台光行差（视→真）了。但是，应该记住：这时得到的是平台 t 时刻到目标 $t - \Delta t$ 时刻（时刻不对应）的方向。

当然，我们希望得到时刻对应的方向，即观测时刻要改正（减去）行星光行差：

$$\Delta t = \rho / c$$

其中，ρ 为目标距离。

可以证明：将观测时刻改为 $t - \Delta t$，时刻对应的方向相当于改正一个平台光行差（真→视），与改正平台光行差（视→真）正好对消，即如果在天文定位中，恒星改正了平台光行差（真→视），则计算出目标位置后，目标就不需要改正平台光行差了，而且，观测方向就是 $t - \Delta t$（Δt 将在计算轨道时改正）时刻对应的方向。

4）空间目标位置的归算

若目标的 CCD 坐标为 (x_s, y_s)，利用式（2.31），就可得到目标的理想

坐标(ζ_s, η_s)，则目标的天球坐标(α_s, δ_s)，可由式（2.35）得到

$$
\begin{cases}
\tan(\alpha_s - \alpha_0) = \dfrac{\zeta_s}{\cos\delta_0 - \eta_s \sin\delta_0} \\
\tan\delta_s = \dfrac{(\eta_s \cos\delta_0 + \sin\delta_0)\cos(\alpha_s - \alpha_0)}{\cos\delta_0 - \eta_s \sin\delta_0}
\end{cases}
\tag{2.35}
$$

2. 定标星赤经和赤纬的获取

在天文定位中，需要定标星的赤经和赤纬。大家都知道，定标星的赤经和赤纬可以从星表中获取。天基探测可以使用 Tycho-2 星表，该星表给出了亮于 12.0 等的 250 万颗恒星（平均密度为银道面上为 150 deg^{-2}，在银极附近为 25 deg^{-2}）的位置，平均精度为 60 mas，坐标系属于国际天球参考系（ICRS）。

另外，我们计算卫星轨道通常采用轨道坐标系，它与天球中间坐标系（CIGS）基本相同，我们定义的望远镜指向首先是在轨道坐标系中给出的。

现代天文中的坐标系的定义比较复杂，许多细节不便在这里展开。但是，我们需要知道假定某一向量在国际天球坐标系中为$\boldsymbol{r}_{\text{ICRS}}$，在轨道坐标系中为$\boldsymbol{r}_{\text{GCRS}}$，它们之间的转换关系为

$$
\boldsymbol{r}_{\text{ICRS}} = \boldsymbol{M}_{\text{CIO}}^{-1}(t)\boldsymbol{r}_{\text{GCRS}}
$$
$$
\boldsymbol{r}_{\text{GCRS}} = \boldsymbol{M}_{\text{CIO}}(t)\boldsymbol{r}_{\text{ICRS}}
\tag{2.36}
$$

式中，$\boldsymbol{M}_{\text{CIO}}(t)$为转换矩阵，与时间$t$有关，它的计算方法请参见文献[12]第二章，国际天文学联合会 SOFA（基础天文标准）工作组还提供了计算软件[13,14]。

获取定标星赤经和赤纬的步骤如下。

（1）计算望远镜中心在轨道坐标系的方向$\boldsymbol{k} = \boldsymbol{l}_{\text{轨}}$ 及 CCD 的x轴和y轴方向的单位向量$\boldsymbol{i}$和$\boldsymbol{j}$：

$$
\boldsymbol{i} = \frac{\dfrac{\boldsymbol{r}_0}{r_0} \times \boldsymbol{k}}{\left|\dfrac{\boldsymbol{r}_0}{r_0} \times \boldsymbol{k}\right|}, \quad \boldsymbol{j} = \boldsymbol{k} \times \boldsymbol{i}
\tag{2.37}
$$

（2）计算望远镜中心在星表坐标系的方向$\boldsymbol{l}_{\text{赤}}$：

$$
\boldsymbol{l}_{\text{赤}} = \boldsymbol{M}_{\text{CIO}}^{-1}(t)\boldsymbol{l}_{\text{轨}}
\tag{2.38}
$$

（3）将$\boldsymbol{l}_{\text{赤}}$化为望远镜中心方向的赤经$\alpha_0$和赤纬$\delta_0$。

（4）根据望远镜视场，在星表中找出在视场中的恒星(α_i, δ_i)和其他星表参数。

（5）将(α_i, δ_i)化为单位向量$\boldsymbol{l}_{\text{赤}}^i$。

（6）将$\boldsymbol{l}_{\text{赤}}^i$转换到轨道坐标系：

$$\boldsymbol{l}_{\text{轨}}^i = \boldsymbol{M}_{\text{CIO}}(t)\boldsymbol{l}_{\text{赤}}^i \tag{2.39}$$

（7）根据视场内恒星的$\boldsymbol{l}_{\text{轨}}^i$和 CCD 方向$(\boldsymbol{i}, \boldsymbol{j})$，求出恒星的 CCD 粗略坐标$(x_i^0, y_i^0)$：

$$
\begin{aligned}
x_i^0 &= \arctan\left(\frac{\boldsymbol{l}_{\text{轨}}^i \cdot \boldsymbol{i}}{\boldsymbol{l}_{\text{轨}}^i \cdot \boldsymbol{k}}\right) \times 206265 / \text{像元大小} \\
y_i^0 &= \arctan\left(\frac{\boldsymbol{l}_{\text{轨}}^i \cdot \boldsymbol{j}}{\boldsymbol{l}_{\text{轨}}^i \cdot \boldsymbol{k}}\right) \times 206265 / \text{像元大小}
\end{aligned}
\tag{2.40}
$$

式中，像元大小为一个像元的角度，以角秒（"）为单位，根据 CCD 像元数，判断该恒星是否在视场中。

（8）通过图像处理，在视场中的(x_i^0, y_i^0)附近找到星象，求出准确的坐标(x_i, y_i)。

这样，得到了视场中的星象(x_i, y_i)及与其对应的$(\alpha_i, \delta_i, \mu_\alpha^i, \mu_\delta^i)$，就可以进行天文定位了。

3. 大视场需要注意的问题

天基探测望远镜的视场较大，六参数方法可能精度不够，处理的方法如下。

（1）采用十二参数方法；

（2）采用分视场方法，即将大视场分成若干小视场，如将 20°×20° 视场分成 16 个 5°×5° 视场，采用六参数方法就可保证精度；

（3）采用动态小视场方法，即在目标附近，划出一个 5°×5° 视场，利用六参数方法进行天文定位。

4. 测量精度

望远镜观测精度一般用 0.5 像元的角度来估计，如 20° 的 CCD 视场，CCD 是 8 k×8 k，则测量精度为 20×3600/8000/2=4.5"。这主要是由拉长的星象（恒星与目标总有一个星象是拉长的）引起的。当然，如果图像处理的方法更好，测量精度可以大大提高，达到 2" 是完全可能的。

第 3 章　几种天基篱笆

利用天基探测进行近地空间目标的独立编目，满足空间目标全覆盖和及时发现新的目标，是众学者关注的重要问题。当然，这不可能利用单平台探测完成，因此，本章将讨论一些天基平台的联网探测方法。由于空间目标的多平台联网探测的可见范围类似于天球上的一条篱笆，因此称它们为天基篱笆。

3.1　顺　光　篱　笆

顺光篱笆是一种最简单的天基联网探测方法，即在同一轨道上均匀布设若干平台，望远镜安装在反日点一侧，进行顺光观测。如图 2.1 所示，所有平台的望远镜视场布满可见范围，对于落在这个可见范围内的空间目标（地心距为 r），总有一个平台转到这里，如果没有地影，就可以看到空间目标。这就组成了一个天基篱笆，由于是顺光观测，因此称为顺光篱笆。顺光观测方式的探测能力较强，因此，希望利用顺光篱笆完成空间目标编目任务，实现空间目标的探测指标。

根据第 2 章的研究，顺光篱笆的形状是两条小圆弧中间的球台侧面。注意，由于这个篱笆不是大圆，因此，不能保证看到每一个空间目标。

3.1.1　顺光篱笆的平台个数

对于顺光篱笆，平台个数没有严格要求，如果希望平台视场布满可见范围，则平台个数的计算方法如下。

如图 3.1 所示，O 是地心，A 是平台，ON 为轨道面法向，AD 平行于 ON，AB 为望远镜中心方向，OE 垂直于 AB。设 $OA=r_0$，为平台地心距；$OB=r$，为目标地心距；$\angle DAB=\angle AOE=\beta$。定义：$\angle ODA=\angle DON=\theta$，$\angle DOB=\angle 1$，$\angle NOB=\angle 2=\theta-\angle 1$，于是有

$$\theta = \arcsin\left(\frac{r_0}{r}\right), \quad \angle B = \arcsin\left(\frac{r_0 \cos\beta}{r}\right),$$

$$\beta = \arccos\left(\frac{R_E + 100}{r_0}\right) - \alpha$$

$$\theta + \beta = \angle B + \angle 1$$

于是　　　　　　　$\angle 1 = \theta + \beta - \angle B$

$$\angle 2 = \theta - \angle 1 = \theta - \theta - \beta + \angle B = \angle B - \beta$$

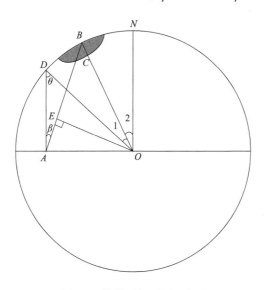

图 3.1　轨道面剖面图示意图

对于视场中心的边缘 C，设 $\angle BNC = x$，C 与视场中心 B 的角距 BC 有两个关系式：

（1）由于 $\angle BAC = \alpha$，因此，$BC = AB \times \alpha$。

（2）在球面三角形 NBC 中，可得

$$BC = r \times \sin\angle 2 \times \sin x$$

$$AB = r \times \cos\angle 2 / \cos\beta$$

于是　　　　　　　$x \approx \sin x = \cot\angle 2 / \cos\beta \times \alpha$

平台最大个数（四舍五入）就是 $N = \text{int}(\pi/x + 0.5)$。

假定望远镜半视场 $\alpha = 10°$，不同平台高度和目标高度的 N 如表 3.1 所示，均比 360°/20° 要大，看来顺光篱笆要求的望远镜个数是比较多的。

不同高度的空间目标的可见范围是不同的，因此，我们不能要求一个天基篱笆布满所有空间目标的可见范围。何况，布满一个可见范围，需要的平台个数太多了，也很不现实，很不经济。

表 3.1　顺光篱笆的平台个数（平台比目标低）

平台高度/km	目标高度/km	N	平台高度/km	目标高度/km	N
400	500	51	600	700	35
400	600	43	600	800	31
400	700	38	600	900	28
400	800	34	600	1000	26
400	900	31	700	800	30
400	1000	29	700	900	27
500	600	41	700	1000	25
500	700	36	800	900	26
500	800	32	800	1000	24
500	900	30	900	1000	23
500	1000	27			

我们计算了不同平台个数的覆盖情况，结果表明，假定平台高度为 800 km，平台个数对目标覆盖率的影响不大：18 个平台与 6 个平台的目标覆盖率差别不到 1%。当然，观测弧段和观测总弧长有差别，观测弧段数和总弧长几乎与平台个数成正比。因此，在满足定轨精度的前提下，可以尽量减少平台个数，以降低建设成本。

3.1.2　顺光篱笆的平台轨道高度

顺光篱笆对平台高度也没有严格的要求，只要平台不会由于大气阻力而很快陨落就行。

选择平台高度的目的，总是希望能看到更多的目标。因此，可以根据探测目标的数量来优选平台的高度。

吴连大等[6]根据当时空间目标的高度分布，试着选择了平台高度，得到的平台高度是 913 km。由于该方法比较复杂，这里就不再重复了，有兴趣的读者，可以参阅 2017 年出版的《空间目标的天基探测》。当然，现在的空间目标高度分布改变了，平台高度需要重新优选。

3.1.3　顺光篱笆的探测能力

1）探测能力

利用 20 cm 望远镜，CCD 的量子效率为 90%，假定平台高度为 800 km，对于高度在 2000 km 以下的目标，探测星等可达 13 等（表 2.9）。假设目标表面漫反射系数 $\gamma = 0.3$，相位角为 30°，则探测目标的大小约为 30 cm。

　　2）目标覆盖率

　　我们利用 4640 个目标的集合，计算了夏至、秋分和冬至附近的顺光篱笆的目标覆盖率，结果如表 3.2 所示。

表 3.2　顺光篱笆不同季节的目标覆盖率、弧段数和平均弧长（目标总数 4640 个）

日期	地影处理	高度/km	平台数	跟踪目标数	目标覆盖率/%	平均弧段	平均弧长/s
06-22	考虑	1000	16	4269	92.00	40.359	190.031
09-22		1000	16	4306	92.80	39.894	109.544
12-21		1000	16	4270	92.03	41.318	102.636
06-22	不考虑	1000	16	4282	92.28	78.737	194.245
09-22		1000	16	4313	92.95	80.028	188.863
12-21		1000	16	4294	92.54	82.489	187.774

　　由此可见，16 平台顺光篱笆的目标覆盖率约为 92%，一天观测弧段数约为 40，平均弧长在有地影时为 100 s，无地影时为 200 s。表 3.3 给出了不同平台个数的观测情况。减少平台个数，主要影响观测弧段数，6 平台观测弧段数约为 15，而目标覆盖率和平均弧长基本不变。

表 3.3　顺光篱笆不同平台个数的目标覆盖率、弧段数和平均弧长（目标总数 5252 个，考虑地影）

日期	高度/km	平台个数	跟踪目标数	目标覆盖率/%	平均弧段	平均弧长/s
	1000	18	4916	93.42	45.967	100.606
	1000	15	4915	93.41	38.348	100.597
2021-01-07	1000	12	4910	93.31	30.759	100.383
	1000	6	4839	91.96	15.616	100.554
	1000	3	4603	87.48	8.222	99.622

3.1.4　顺光篱笆的优缺点

　　1）顺光篱笆的优点

　　（1）顺光篱笆是顺光观测的，相位角较小，一般小于 30°。假定相位

角 $\sigma=30°$，则相位角函数为

$$\Delta m(\sigma) = -2.5\lg[\sin\sigma + (\pi-\sigma)\cos\sigma] = -1.1\ \text{星等}$$

而相位角为 90° 的观测方式，$\sigma=90°=\pi/2$，相位角函数为

$$\Delta m(\sigma) = -2.5\lg[\sin\sigma + (\pi-\sigma)\cos\sigma] = 0$$

两者相比，顺光方式可以提高 1.1 星等。

（2）顺光篱笆对空间目标高度没有限制，可以对所有空间目标进行探测。

2）顺光篱笆的缺点

顺光篱笆的主要缺点如下：

（1）篱笆形状不是大圆，不能保证每一个空间目标的轨道与其相交。

（2）顺光篱笆的平台没有布满空间目标的可见范围。

（3）顺光篱笆的可见范围内有地影，而且很难避开。

这样，顺光篱笆的探测就很难保证空间目标探测的全覆盖，特别是不能保证空间目标每一圈均能被观测到，也不能保证新目标的及时捕获。

另外，顺光篱笆的平台与目标的最大相对角速度为 $\sqrt{\dfrac{\mu}{r_0}} + \sqrt{\dfrac{\mu}{r}}$，曝光时间较短，也影响探测星等。

3.1.5　结论

利用 6 平台以上的顺光篱笆，可以实现近地空间目标的编目，口径为 20 cm 的望远镜可以探测尺寸为 30 cm 的空间目标，探测覆盖率可以达到 90%。顺光篱笆最容易布设，因此其是一种可以接受的天基编目方案。但是，它没有达到空间目标探测全覆盖和及时发现新目标的要求，是一种有缺陷的方案。

3.2　沿轨篱笆

将 N 个平台均匀分布在同一轨道上，每个平台安装两个望远镜，一个向前，一个向后，望远镜指向在轨道平面之内，这样，望远镜视场组成的天基篱笆在地心天球上的形状就是一个大圆，它与目标轨道（也是大圆）就有两个交点，于是，任一目标每运行一圈，就有 1～2 次观测机会。在此基础上，再设计平台高度、视场和指向，就可得到既能避开地气光，又可几何全覆盖的天基篱笆。由于这种篱笆望远镜在平台轨道面内，因此称为沿轨篱笆。

3.2.1　平台轨道和平台姿态

沿轨篱笆平台的轨道仍采用太阳同步轨道，过降交点的地方时为 6 点或 18 点。这种轨道常称为明暗界线轨道。

平台姿态为对地三轴稳定姿态。

3.2.2　望远镜安装

每个平台安装两个望远镜，一个向前，一个向后。为了观测到高度较低的目标，望远镜可向下偏转一个 β 角。

3.2.3　平台数量和平台高度

平台高度与平台数量有关，如果不注意，则篱笆就有空隙。图 3.2 是 6 平台的篱笆，选择平台高度为 500 km。不难看出，在每个平台附近，有一个空隙，恰好穿过这个空隙的目标是看不到的。

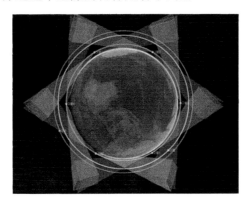

图 3.2　有空隙篱笆

为了消除空隙，得到视场全覆盖，我们主要研究以下两个问题。

（1）切点选择。保证了最低探测高度，同时决定了平台的高度。

（2）望远镜视场的选择。

假定要求目标探测的高度范围是 200～1500 km，则视场上边界指向两个平台中间方向的 1500 km 处，下边界指向所选择的切点，这样就决定了望远镜视场。

如图 3.3 所示，圆 O 为以地心 O 为中心，半径为地球半径+100 km，A 和 B 为平台位置。OA 和 OB 为两个平台方向。设篱笆共有 N 个平台，则

$$\angle AOB = \frac{2\pi}{N} \tag{3.1}$$

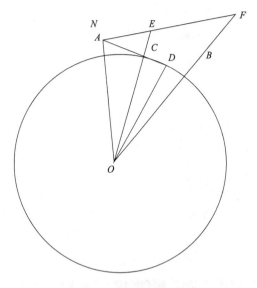

图 3.3　沿轨篱笆平台示意图

图 3.3 中，OC 为 $\angle AOB$ 的平分线，OD 为 $\angle COB$ 的平分线，于是

$$a = \angle AOD = \frac{2\pi}{N} \frac{3}{4} = \frac{3\pi}{2N}$$
$$b = \angle DOB = \frac{\pi}{2N} \tag{3.2}$$

为了保证最低探测高度，望远镜视场下边界 AD 应与圆 O 相切，切点为 D。于是，平台 A 的地心距为

$$r_0 = OA = \frac{R_E + 100}{\cos a} \tag{3.3}$$

最低全覆盖探测的地心距为

$$r_1 = OC = \frac{R_E + 100}{\cos b} \tag{3.4}$$

视场上边界 AE 交 OC 于 E，与 OB 交于 F。按探测要求，$r_2 = OE = R_E + 1500$，则有

$$\rho = AE = \sqrt{r_0^2 + r_2^2 - 2r_0 r_2 \cos(a - b)} \tag{3.5}$$
$$r_2^2 = r_0^2 + \rho^2 - 2r_0 \rho \cos \angle OAE$$

$$\cos\angle OAE = \frac{r_0^2 + \rho^2 - r_2^2}{2r_0\rho} \tag{3.6}$$

于是视场角 α 为

$$\alpha = \angle OAE - (90° - a) \tag{3.7}$$

如果 $r_0 > r_2$，式（3.5）中的 $a-b$，要换成 $a+b$。否则，OF 将小于 r_2，没有实现 200～1500 km 目标的全覆盖。

不难看出，对于 200 km 和 1500 km 的目标，平台到目标的距离为

$$\rho_{11} = \sqrt{r_0^2 + r_1^2 - 2r_0r_1\cos(a-b)}, \quad \rho_{12} = \sqrt{r_0^2 + r_1^2 - 2r_0r_1\cos(a+b)}$$
$$\rho_{21} = \sqrt{r_0^2 + r_2^2 - 2r_0r_2\cos(a-b)}, \quad \rho_{22} = \sqrt{r_0^2 + r_2^2 - 2r_0r_2\cos(a+b)} \tag{3.8}$$

这样，在 OA 和 OB 之间的目标，就建立了一个稳定的观测几何，A 平台观测 B 平台附近的目标，B 平台观测 A 平台附近的目标，两个视场交集中的目标，还有交会观测的机会。

经计算，6 平台的轨道高度为 2783 km，将平台高度提高后，篱笆就没有空隙了，如图 3.4 所示。

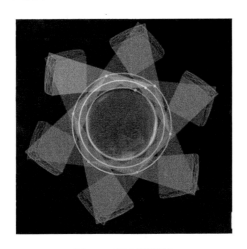

图 3.4　无空隙篱笆

下面，在最高探测高度为 1500 km 时，给出不同平台个数 N 的平台高度、最低探测高度、望远镜视场和目标的探测距离。

显然，平台个数越多，探测距离越近（表 3.4），有利于探测小目标；但是，平台数量大于 8 时，对望远镜视场要求太高，现在还无法制造这样的望远镜，可以用拼接视场的方法解决。

表 3.4　不同平台个数的平台高度、望远镜视场和目标的探测距离

平台数	平台高度 /km	最低探测 高度/km	望远镜 视场/(°)	200 km		1500 km	
				距离 1/km	距离 2/km	距离 3/km	距离 4/km
6	2783.33	328.52	14.30	4742.33	4581.08	8213.95	8591.99
7	1907.71	266.60	19.41	3687.55	3618.72	6644.74	7022.91
8	1413.05	226.91	24.10	3039.97	3058.12	5617.14	5996.93
9	1102.17	199.94	28.36	2597.89	2695.59	4882.43	5266.19
10	892.45	180.75	32.21	2274.74	2444.58	4326.81	4716.74
11	743.58	166.62	35.69	2027.05	2262.20	3889.88	4287.82
12	633.75	155.90	38.84	1830.47	2124.84	3536.20	3943.61

3.2.4　沿轨方向的探测能力

1）目标的视运动速度

如图 3.5 所示，在以目标为中心的天球上，目标的速度在以地心为极的大圆上。由于目标的轨道未知，只知道目标的地心距 r，目标速度的大小为 $\sqrt{\dfrac{\mu}{r}}$，引入参数 θ，则目标在 x 轴和 y 轴上的投影为

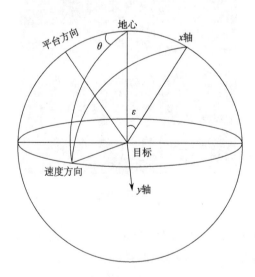

图 3.5　最大运动速度

$$\left(\begin{array}{c} -\sqrt{\dfrac{\mu}{r}}\cos\varepsilon\cos\theta \\[3mm] \sqrt{\dfrac{\mu}{r}}\sin\theta \end{array} \right) \qquad\qquad (3.9)$$

而平台的速度为 $\sqrt{\dfrac{\mu}{r_0}}$，对于沿轨道方式，平台速度在 x 轴方向，大小为

$\sqrt{\dfrac{\mu}{r_0}}\sin x$，因此，相对运动速度为

$$\left(\begin{array}{c} -\sqrt{\dfrac{\mu}{r}}\cos\varepsilon\cos\theta - \sqrt{\dfrac{\mu}{r_0}}\sin x \\[3mm] \sqrt{\dfrac{\mu}{r}}\sin\theta \end{array} \right) \qquad\qquad (3.10)$$

于是

$$v^2 = \frac{\mu}{r} + \frac{\mu}{r_0}\sin^2 x - \frac{\mu}{r}\sin^2\varepsilon\cos^2\theta + \frac{2\mu}{\sqrt{rr_0}}\cos\varepsilon\cos\theta\sin x \qquad (3.11)$$

对 $\cos\theta$ 求导数，并令其等于 0，得

$$\frac{\partial v^2}{\partial\cos\theta} = -2\frac{\mu}{r}\sin^2\varepsilon\cos\theta + 2\frac{\mu}{\sqrt{rr_0}}\cos\varepsilon\sin x = 0$$

$$\cos\theta = \frac{r}{\sin^2\varepsilon\sqrt{rr_0}}\cos\varepsilon\sin x, \quad \cos^2\theta = \frac{r}{r_0}\frac{\cos^2\varepsilon\sin^2 x}{\sin^4\varepsilon}$$

于是，速度平方的最大值为

$$v^2 = \frac{\mu}{r} + \frac{\mu}{r_0}\frac{\sin^2 x}{\sin^2\varepsilon} \qquad\qquad (3.12)$$

下面给出沿轨篱笆的最大运动角速度和对应的曝光时间。

2）目标距离、角速度和曝光时间

显然，目标距离与顺光方式（表 2.5）相同，相对运动角速度和曝光时间如表 3.5 和表 3.6 所示。

3）探测星等

一个目标是否可以被探测到，可以根据信噪比来判断，一般认为信噪比大于 4 时，目标可以被探测到。

表 3.5　　沿轨篱笆不同目标高度的角速度　　　　　[单位：（″）/s]

x/ (°)	目标高度/km											
	400	500	600	700	800	900	1000	1200	1400	1600	1800	2000
5.51	0	0	0	0	1119	738	602	467	394	345	310	282
7.51	0	0	0	0	825	624	529	425	365	323	292	268
9.51	0	0	0	0	656	538	470	390	339	304	276	255
11.51	0	0	0	709	546	471	422	359	317	286	262	243
13.51	0	0	0	556	470	419	382	332	297	270	249	232
15.51	0	0	566	467	414	377	349	309	279	256	238	222
17.51	0	578	462	407	371	344	322	289	264	244	227	214
19.51	592	454	399	364	337	317	299	272	250	233	218	206
21.51	442	389	355	330	310	294	280	257	238	223	210	198
23.51	378	346	323	304	288	275	263	244	228	214	202	192
25.51	337	315	297	283	270	259	249	232	218	206	196	186

表 3.6　　沿轨篱笆不同目标高度的目标曝光时间　　　（单位：ms）

x/ (°)	目标高度/km											
	400	500	600	700	800	900	1000	1200	1400	1600	1800	2000
5.51	0	0	0	0	24	36	45	58	69	78	87	96
7.51	0	0	0	0	33	43	51	64	74	84	93	101
9.51	0	0	0	0	41	50	57	69	80	89	98	106
11.51	0	0	0	38	49	57	64	75	85	95	103	112
13.51	0	0	0	49	57	65	71	82	91	100	109	117
15.51	0	0	48	58	65	72	77	88	97	106	114	122
17.51	0	47	58	66	73	79	84	94	103	111	119	127
19.51	46	60	68	74	80	86	91	100	108	116	124	132
21.51	61	69	76	82	87	92	97	106	114	122	129	137
23.51	72	78	84	89	94	98	103	111	119	127	134	141
25.51	80	86	91	96	100	105	109	117	124	131	139	146

　　考虑与顺光方式相同的算例，假定天基天光为 22 等，相位角为 90°，天基望远镜的探测星等如表 3.7 所示。

表 3.7 沿轨篱笆望远镜探测星等

x/(°)	目标高度/km											
	400	500	600	700	800	900	1000	1200	1400	1600	1800	2000
5.51	0.0	0.0	0.0	0.0	12.6	13.0	13.3	13.5	13.7	13.8	13.9	14.0
7.51	0.0	0.0	0.0	0.0	12.9	13.2	13.4	13.6	13.8	13.9	14.0	14.1
9.51	0.0	0.0	0.0	0.0	13.2	13.4	13.5	13.7	13.8	13.9	14.0	14.1
11.51	0.0	0.0	0.0	13.1	13.4	13.5	13.6	13.8	13.9	14.0	14.1	14.2
13.51	0.0	0.0	0.0	13.3	13.5	13.6	13.7	13.9	14.0	14.1	14.1	14.2
15.51	0.0	0.0	13.3	13.5	13.6	13.7	13.8	13.9	14.0	14.1	14.2	14.3
17.51	0.0	13.3	13.5	13.7	13.7	13.8	13.9	14.0	14.1	14.2	14.2	14.3
19.51	13.3	13.5	13.7	13.8	13.8	13.9	14.0	14.1	14.1	14.2	14.3	14.3
21.51	13.6	13.7	13.8	13.9	13.9	14.0	14.0	14.1	14.2	14.3	14.3	14.4
23.51	13.7	13.8	13.9	13.9	14.0	14.0	14.1	14.2	14.2	14.3	14.3	14.4
25.51	13.8	13.9	14.0	14.0	14.1	14.1	14.1	14.2	14.3	14.3	14.4	14.4

4) 探测目标的大小

目标星等可用式 (3.13) 计算:

$$m = 1.4 - 2.5 \lg \gamma - 5 \lg D + 5 \lg \rho + \Delta m(\sigma) \tag{3.13}$$

式中,γ 为目标表面漫反射系数;D 为目标直径(cm);ρ 为目标到观测站的斜距(km);$\Delta m(\sigma)$ 为目标相位角 σ 的函数,相位角 σ 是太阳至目标和观测站至目标两连线间的夹角,$\Delta m(\sigma)$ 公式如下:

$$\Delta m(\sigma) = -2.5 \lg[\sin \sigma + (\pi - \sigma)\cos \sigma]$$

假定 $\gamma = 0.3$,$-2.5 \lg \gamma = 1.31$,对于沿轨方式,$\Delta m(\sigma) = 0$,则有

$$m = 1.4 + 1.31 - 5 \lg D + 5 \lg \rho - 0 = 2.71 - 5 \lg D + 5 \lg \rho \tag{3.14}$$

假设望远镜的探测星等为 m 等,则有

$$D = 10^{\frac{-m+2.71}{5} + \lg \rho} = 10^{\frac{-m+2.71}{5}} \rho \tag{3.15}$$

考虑与顺光方式相同的算例,则可探测的目标尺寸如表 3.8 所示。由于目标的表面漫反射系数 γ 不一定等于 0.3,因此,表中所列数据仅供参考。

与顺光方式相比,由于相位角不同,探测能力差了 1.1 等,但因相对角速度较慢,曝光时间较长,补回了 0.6 等,还差 0.5 等,探测目标大小则差了 8 cm。

表 3.8　沿轨篱笆望远镜探测目标尺寸 （单位：cm）

$x/(°)$	目标高度/km											
	400	500	600	700	800	900	1000	1200	1400	1600	1800	2000
5.51	0.0	0.0	0.0	0.0	14.5	18.2	19.3	22.3	23.9	25.7	27.0	28.0
7.51	0.0	0.0	0.0	0.0	17.2	19.7	21.0	23.5	24.7	26.3	27.4	28.3
9.51	0.0	0.0	0.0	0.0	18.9	20.9	22.7	24.7	26.7	28.1	29.2	29.9
11.51	0.0	0.0	0.0	18.6	20.9	23.0	24.3	25.7	27.5	28.7	29.6	30.1
13.51	0.0	0.0	0.0	21.8	23.3	24.8	25.8	26.8	28.2	29.2	31.3	31.8
15.51	0.0	0.0	21.7	23.8	25.5	26.5	27.2	29.0	30.2	31.1	31.6	32.0
17.51	0.0	21.6	24.4	25.1	27.4	28.0	28.4	29.9	30.9	31.5	33.4	33.6
19.51	21.4	25.3	26.0	27.1	29.0	29.4	29.5	30.6	32.9	33.4	33.6	35.3
21.51	25.2	27.1	28.2	28.8	30.4	30.5	31.9	32.8	33.3	33.6	35.4	35.3
23.51	28.4	29.4	30.0	31.6	31.6	33.0	32.7	33.3	35.3	35.4	37.1	37.0
25.51	30.8	31.2	31.4	32.8	32.6	33.8	34.9	35.4	35.6	37.3	37.1	38.6

5）目标覆盖率

我们利用 4640 个目标的集合，对 8 平台的沿轨篱笆（16 个望远镜），计算了夏至、秋分和冬至附近的目标覆盖率，结果如表 3.9 所示。

表 3.9　沿轨篱笆不同季节目标覆盖率、弧段数和平均弧长（目标总数 **4640**）

日期	地影处理	高度/km	平台数	跟踪目标数	目标覆盖率/%	平均弧段数	平均弧长/s	平均观测望远镜数
06-22	考虑	1413	16	4640	100	89.566	263.435	2.98
09-22		1413	16	4640	100	87.852	271.656	2.92
12-21		1413	16	4640	100	71.249	249.823	2.37
06-22	不考虑	1413	16	4640	100	89.568	263.435	2.98
09-22		1413	16	4640	100	87.852	271.656	2.92
12-21		1413	16	4640	100	83.988	269.194	2.80

由此可见，沿轨篱笆的目标覆盖率达到了 100%。而且，目标每次过交点，平均有 2 个以上的平台可以观测到目标。更难能可贵的是，即使是冬至，可观测平台数也超过 2 个。与顺光篱笆相比，沿轨篱笆不仅在目标覆盖率上有了提高，而且在观测弧段数和平均弧长方面也大大提高了。估计

在望远镜个数相同的情况下，观测数据总数将是顺光篱笆的 3 倍多。此外，沿轨篱笆的数据分布非常有规律，每隔半圈都有 2 个以上平台观测到目标，这对提高目标的定轨精度，特别是对新目标的初轨测定精度非常有利。沿轨篱笆的数据分布规律性，对及时捕获新目标更加重要。

图 3.6 给出了 2020 年 12 月 21 日目标 22 的两种天基篱笆的数据分布。不难看出：沿轨篱笆每半圈就有几个望远镜的观测数据，而顺光篱笆的观测没有规律，观测弧段数也比沿轨篱笆少得多。

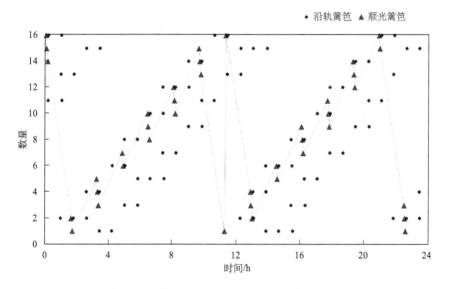

图 3.6　顺光篱笆和沿轨篱笆观测的弧段-时间分布

应该说明的是，如果平台的轨道高度不能严格按照表 3.4 设置，如 8 平台的轨道高度应该是 1413 km，由于一些原因（如避开地球辐射带）轨道高度必须改变，如需要发射到 1000 km，这时篱笆就会有空隙，对观测数据的影响主要有：观测一天弧段数减少 10 个，观测弧长缩短 15%，有个别交点附近没有观测数据。这些对定轨精度和轨道关联的影响不是很大，最大的影响是，增加了新目标的捕获时间，一般捕获时间要增加半个周期，即原来可以 2 h 捕获的新目标，此时可能要 3 h 才能捕获。

还应该说明的是，如果需要观测更小的目标，采用 12 平台的方案，沿轨篱笆的观测特点也能保证，即每个交点附近均有几个望远镜可以观察到目标，而且由于望远镜视场的扩大（或望远镜数量增加），观测的弧段数也会增加。试算表明：对于 4640 个目标的集合，12 平台的观测弧段数约为 45 万。

3.2.5　沿轨篱笆方案的选择

比较不同平台数 N 的沿轨篱笆,可以通过比较它们的探测能力来进行。由式（3.15）可见,探测目标的大小与目标的距离成正比。N 越大的篱笆离近地空间目标的距离越近,探测能力越强。

但是,N 越大,要求望远镜视场也越大,当视场要求超过望远镜设计视场时,就需要进行望远镜拼接,增加了篱笆建设成本。

沿轨篱笆的方案选择,需要考虑这两个因素。下面,首先讨论不同平台数 N 的篱笆的探测能力。

对于 7 平台篱笆,望远镜视场为 20°,假定我们可以制造出 20 cm 口径的 20°×20°视场的望远镜,它的探测能力如表 3.10 所示。

表 3.10　7 平台篱笆的探测能力　　　　　　　（单位：cm）

$\theta/$ (°)	目标高度/km											
	200	300	400	500	600	700	800	900	1000	1200	1400	1500
25.71	0.0	23.3	23.2	23.1	23.0	22.9	22.9	21.8	21.8	21.8	21.8	21.9
28.29	0.0	24.1	24.0	23.9	23.8	23.8	23.8	23.8	22.7	22.8	22.9	22.9
30.86	25.9	24.7	24.6	24.6	24.6	24.6	24.6	24.6	24.6	23.6	23.7	23.8
33.43	26.5	26.4	26.4	26.4	25.2	25.2	25.2	25.3	25.3	25.5	24.5	24.6
36.00	26.9	26.9	26.9	26.9	26.9	27.0	27.0	25.9	25.9	26.1	26.3	26.4
38.57	28.5	28.5	28.6	27.3	27.4	27.4	27.5	27.6	27.6	26.6	26.8	26.9
41.14	28.8	28.8	28.9	28.9	29.0	29.1	27.9	27.9	28.0	28.3	28.5	28.7
43.71	30.3	30.4	30.5	29.2	29.3	29.3	29.4	29.6	29.7	28.6	28.8	29.0
46.29	30.5	30.5	30.6	30.7	30.8	30.9	31.0	29.7	29.9	30.1	30.4	30.6
48.86	0.0	32.0	32.1	32.2	30.9	31.0	31.1	31.3	31.4	31.7	30.6	30.7
51.43	0.0	32.0	32.1	32.2	32.3	32.5	32.6	32.8	32.9	31.7	32.1	32.2

表 3.10 中 200 km 的目标高度下出现几个数字为 0.0,这是因为 7 平台篱笆的最小探测高度是 266 km,因此会出现探测不到目标的情况。

由表 3.10 可以看出,7 平台篱笆的探测能力是尺寸为 32 cm 的目标。这大概就是现在比较现实的沿轨篱笆的探测能力。

下面研究 12 平台篱笆的探测能力。如表 3.11 所示,由于目标的距离近了，12 平台的探测能力提高到 22 cm 的目标，比 7 平台篱笆提高了 10 cm。

表 3.11　12 平台篱笆的探测能力　　　（单位：cm）

$\theta/(°)$	目标高度/km											
	200	300	400	500	600	700	800	900	1000	1200	1400	1500
15.00	15.3	15.2	15.2	15.2	15.3	14.7	14.8	15.0	15.3	15.1	15.8	16.2
16.50	15.9	15.9	15.9	15.9	16.0	15.4	15.6	15.8	16.0	15.8	16.4	16.8
18.00	17.3	16.5	16.5	16.6	16.7	16.8	16.2	16.4	16.6	17.1	16.9	17.2
19.50	17.8	17.8	17.1	17.1	17.2	17.4	17.5	16.9	17.1	17.6	17.4	17.7
21.00	18.3	18.3	18.4	17.6	17.7	17.9	18.0	18.2	17.6	18.0	18.6	18.0
22.50	18.7	18.7	18.8	18.9	19.0	18.3	18.4	18.6	18.8	18.4	18.9	19.2
24.00	19.9	19.9	19.1	19.2	19.3	19.4	19.6	18.9	19.1	19.5	19.2	19.4
25.50	20.1	20.2	20.3	20.4	19.6	19.7	19.9	20.1	20.3	19.8	20.3	20.5
27.00	21.2	21.3	20.5	20.6	20.7	20.9	21.0	20.3	20.4	20.9	20.4	20.7
28.50	21.4	21.5	21.6	21.7	20.8	21.0	21.2	21.4	21.5	21.0	21.5	21.7
30.00	22.5	22.6	21.6	21.8	21.9	22.1	22.3	21.4	21.6	22.1	21.5	21.8

但是，12 平台篱笆要拼接视场需要 48 个望远镜，而 7 平台篱笆只需要 14 个望远镜，成本提高是比较高的。

有一种方法是：仍用 20°×20° 视场，采用 8 平台篱笆方案，探测能力如表 3.12 所示。

表 3.12　8 平台篱笆的探测能力　　　（单位：cm）

$\theta/(°)$	目标高度/km											
	200	300	400	500	600	700	800	900	1000	1200	1400	1500
22.50	0.0	21.0	20.9	19.9	19.8	19.8	19.8	19.8	19.8	19.1	0.0	0.0
24.75	21.9	21.8	21.7	21.7	20.7	20.7	20.7	20.7	20.8	20.0	0.0	0.0
27.00	22.5	22.5	22.4	22.4	22.4	22.4	21.5	21.5	21.6	21.8	0.0	0.0
29.25	23.1	23.1	23.0	23.1	23.1	23.1	23.2	22.2	22.3	22.5	22.7	0.0
31.50	24.6	24.6	24.7	23.6	23.6	23.7	23.7	23.8	23.9	23.1	23.3	23.5
33.75	25.0	25.0	25.1	25.1	25.2	25.3	24.2	24.3	24.4	24.7	23.8	24.0
36.00	26.5	26.6	25.4	25.5	25.6	25.6	25.7	25.8	26.0	25.1	25.4	25.5
38.25	26.7	26.8	26.9	27.0	27.0	25.9	26.0	26.2	26.3	26.6	25.7	25.9

$\theta/(°)$	目标高度/km											
	200	300	400	500	600	700	800	900	1000	1200	1400	1500
40.50	28.2	28.2	27.1	27.1	27.2	27.4	27.5	27.6	27.8	26.8	27.1	27.3
42.75	28.2	28.3	28.4	28.5	28.7	28.8	27.6	27.8	27.9	28.2	28.6	27.5
45.00	0.0	29.7	29.8	28.6	28.7	28.8	29.0	29.1	29.3	28.3	28.6	28.8

由此可见，单视场 8 平台方案的探测能力为 29 cm，比 7 平台篱笆提高了 3 cm。但是，在目标高度超过 1200 km 时，由于这些目标已经不在望远镜视场内，因此看不到，这样篱笆就有了空隙。

如果将探测门限 k 改为 3，CCD 像元改为 20 μm，则 8 平台篱笆的探测能力见表 3.13。相同条件下，12 平台篱笆的探测能力见表 3.14。由表 3.13 和表 3.14 可见，探测目标的大小分别提高到了 23 cm 和 17 cm。当然，探测精度也降为 9″。

表 3.13　8 平台篱笆的探测能力（$k=3$，像元 20 μm）　　　（单位：cm）

$\theta/(°)$	目标高度/km											
	200	300	400	500	600	700	800	900	1000	1200	1400	1500
22.50	0.0	15.2	15.2	15.1	15.1	15.0	14.3	14.3	14.4	14.5	0.0	0.0
24.75	15.9	15.8	15.7	15.7	15.7	15.7	15.7	15.7	15.0	15.2	0.0	0.0
27.00	17.1	17.1	17.0	16.2	16.2	16.3	16.3	16.3	16.4	16.5	0.0	0.0
29.25	17.5	17.5	17.5	17.5	17.5	17.5	17.6	16.8	16.9	17.0	17.2	0.0
31.50	18.7	18.7	17.9	17.9	17.9	18.0	18.0	18.1	18.1	18.3	17.7	17.8
33.75	19.0	19.0	19.0	19.1	19.1	19.2	19.2	18.4	18.5	18.7	18.9	19.1
36.00	20.1	20.1	20.2	19.3	19.4	19.5	19.5	19.6	19.7	19.9	19.2	19.4
38.25	20.3	20.3	20.4	20.4	20.5	20.6	20.7	20.8	20.9	20.2	20.4	20.5
40.50	21.4	21.4	21.5	21.6	21.6	21.7	20.8	20.9	21.1	21.3	21.6	21.7
42.75	22.4	22.5	22.6	21.7	21.7	21.8	21.9	22.0	22.2	22.4	21.7	21.8
45.00	0.0	22.5	22.6	22.7	22.8	22.9	23.0	23.1	23.3	22.5	22.8	22.9

表 3.14　12 平台篱笆的探测能力（k=3，像元 20μm）　（单位：cm）

θ/（°）	目标高度/km											
	200	300	400	500	600	700	800	900	1000	1200	1400	1500
15.00	11.0	11.0	10.5	10.5	10.6	10.6	10.7	10.9	10.6	11.0	11.5	11.7
16.50	11.5	11.5	11.5	11.0	11.1	11.2	11.3	11.4	11.6	11.4	11.9	12.1
18.00	12.0	12.0	12.0	12.0	12.1	11.6	11.7	11.9	12.0	12.4	12.3	12.5
19.50	12.9	12.3	12.4	12.4	12.5	12.6	12.7	12.3	12.4	12.8	13.2	13.4
21.00	13.2	13.3	13.3	13.4	12.8	12.9	13.0	13.2	13.3	13.1	13.5	13.7
22.50	14.2	13.5	13.6	13.7	13.7	13.8	14.0	13.5	13.6	13.9	14.3	13.9
24.00	14.4	14.4	14.5	14.6	14.0	14.1	14.2	14.3	14.5	14.2	14.5	14.7
25.50	15.3	14.6	14.7	14.8	14.8	15.0	15.1	14.5	14.7	15.0	15.4	15.6
27.00	15.4	15.4	15.5	15.6	15.7	15.1	15.2	15.4	15.5	15.8	15.5	15.7
28.50	16.2	16.3	15.6	15.7	15.8	15.9	16.1	16.2	16.3	15.9	16.3	16.5
30.00	16.3	16.3	16.4	16.5	16.6	16.7	16.9	16.3	16.4	16.7	17.1	16.5

几种方案的比较如表 3.15 所示。

表 3.15　方案比较

方案		平台高度/km	探测能力/cm	望远镜个数	空隙
7 平台	k=4，10 μm	1907.71	32	14	无
12 平台	k=4，10 μm	633.75	22	48	无
12 平台	k=3，20 μm	633.75	17	48	无
8 平台	k=4，10 μm	1413.05	29	16	有小空隙
8 平台	k=3，20 μm	1413.05	23	16	有小空隙

当然，对于方案的选择，还要考虑地球辐射带和火箭的发射能力。

需要说明的是，以上只是我们的计算结果，由于我们假定目标漫反射系数是 0.3，空间碎片可能比 0.3 小，但是空间目标一般比 0.3 大；我们判别目标是否可见采用了信噪比大于 3 或 4 的门限，也许经研究可以再提高一些探测能力；由于我们采用了最大相对速度，曝光时间较短，如果在实际探测时，适当延长一些曝光时间，比如曝光时间扩大一倍，则探测能力也会强一些。

3.2.6　地影问题

当然，在地影里目标是看不到的。图 3.7 是 18 点过降交点的沿轨篱笆地影的示意图，AB 是平台轨道，S 是太阳，$AS = i_0 - \delta_\odot$，$BS = 180° - i_0 + \delta_\odot$。其中，$\delta_\odot$ 为太阳赤纬，i_0 为平台倾角。

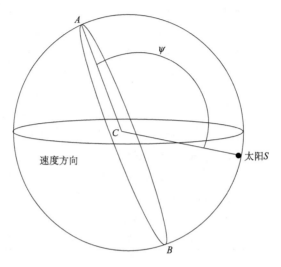

图 3.7　沿轨篱笆的地影

假定 ψ 为地影角，只要 $\widehat{AS} \geqslant \psi$ 或 $\widehat{BS} \geqslant \psi$，轨道就有地影，有些目标就可能看不到。如果 $\widehat{SC} = \psi$，则 $\widehat{AC}$ 就是地影区间，它与180°的比就是地影的比例。计算公式为

$$\psi = 180° - \arcsin\left(\frac{R_{地影}}{r}\right)$$

$$\widehat{AC} = 180° - \cos[\cos\psi / \cos(180° - i_0 + \delta_\odot)]$$

式中，$R_{地影}$ 为地影半径，取值为 6402 km。

假定目标高度大于 200 km，则地影角 $\psi \geqslant 103.289°$。由于 $\delta_\odot$ 小于 23.44°，180–i_0 约为 83°，因此，$\widehat{BS} \geqslant \psi$ 不可能成立。而 $\widehat{AS} \geqslant \psi$ 在冬至前后是可能的。也就是说，在冬天可能有地影。

对于 18 点过降交点的 8 平台沿轨篱笆，平台倾角为 101.426°，表 3.16 给出了不同高度目标、不同太阳赤纬的地影区间比例。由表 3.16 可见：对于 200 km 的目标，几乎有半年（从秋分到次年春分）都有地影，但是地影比例不大，最大只有 36.8%。即使是这样，也可以保证平台轨道面与目标轨道的交点有一个没有地影，也就是说，我们可以保证目标运行一圈，有 1～2 次观测机会。表 3.16 中地影比例就是观测 1 次的比例。例如，目标高

度为 400 km，在冬至，有 30.5%的目标每圈观测 1 次，仍有 69.5%的目标可以观测 2 次。随着目标高度的增加，地影区域越来越小，目标高度超过 1500 km 时，就全年没有地影了。

表 3.16　8 平台 18 点沿轨篱笆的地影比例　　　　（单位：%）

目标高度/km	无地影角/（°）	太阳赤纬/（°）						
		−23.44	−21	−18	−14	−10	−6	−2
200	103.289	36.8	35.9	34.5	32.0	28.3	22.1	4.5
300	106.534	33.4	32.2	30.3	26.9	21.6	10.1	0.0
400	109.177	30.5	29.0	26.7	22.3	14.4	0.0	0.0
500	111.444	27.9	26.1	23.3	17.6	0.0	0.0	0.0
600	113.446	25.5	23.4	20.0	12.3	0.0	0.0	0.0
700	115.247	23.2	20.7	16.5	3.7	0.0	0.0	0.0
800	116.890	20.9	18.1	12.8	0.0	0.0	0.0	0.0
900	118.403	18.7	15.3	8.1	0.0	0.0	0.0	0.0
1000	119.808	16.4	12.2	0.0	0.0	0.0	0.0	0.0
1100	121.119	14.1	8.6	0.0	0.0	0.0	0.0	0.0
1200	122.350	11.4	2.1	0.0	0.0	0.0	0.0	0.0
1300	123.509	8.4	0.0	0.0	0.0	0.0	0.0	0.0
1400	124.606	3.6	0.0	0.0	0.0	0.0	0.0	0.0
1500	125.646	0.0	0.0	0.0	0.0	0.0	0.0	0.0

同样，对于 6 点过降交点的天基篱笆，在夏天有地影，而冬天没有地影，它们是互补的。如果一定要求目标每圈都被观测到 2 次以上，可以布设两条篱笆，这样就能保证目标每圈有 3 次以上的观测机会。

3.2.7　沿轨篱笆与顺光篱笆的比较

假定两种篱笆均采用 20 cm 口径的望远镜，沿轨篱笆用 8 平台 16 个望远镜，顺光篱笆也是 16 个平台，作为代表，可以得到如下比较。

（1）探测目标大小。顺光篱笆的探测能力如表 2.10 所示，沿轨篱笆的探测能力如表 3.8 所示，探测目标大小均为 30 cm 左右，顺光篱笆略好一些。

（2）平台数。顺光篱笆为 16 个平台，每个平台一个望远镜；沿轨篱笆 8 个平台，每个平台 2 个望远镜。望远镜总数，顺光篱笆 16 个，沿轨篱笆

16 个，也一样。

（3）无地影区间的比例。顺光篱笆为 37%～63%[6]，沿轨篱笆只有冬至附近有地影，而且，由于地影的影响，观测弧段数和平均弧长只降低了 10%左右。

（4）目标覆盖率。顺光篱笆为 92%，沿轨篱笆为 100%。

（5）每天平均观测时段。顺光篱笆 40 次，沿轨篱笆 80 次。

（6）平均弧长。顺光篱笆约 100 s，沿轨篱笆为 200 s 以上。

（7）观测数据总量。沿轨篱笆的观测数据总量比顺光篱笆要多 3 倍，可能是望远镜方向不同，视场内的目标数差别较大的缘故。图 3.8 给出了两种篱笆视场内的目标数，显然，沿轨篱笆的目标数要多，顺光篱笆的望远镜内有时还可能没有目标。

（8）定轨精度。由于沿轨篱笆每圈均能观测到 2 次目标，观测数量多了几倍，定轨精度较高。

（9）对于轨道已知的目标，两种篱笆的轨道关联方法基本相同。

（10）UCT 的处理和新目标发现。沿轨篱笆有交会观测，短弧定轨精度可以较高，而且半个周期后，就可得到新的观测数据，便于及时发现新目标和掌控空间态势。

（11）沿轨篱笆可以保证每天对每一个目标进行观测和定轨，可以为国内外卫星提供定轨服务，而顺光篱笆由于有地影，无法做到。

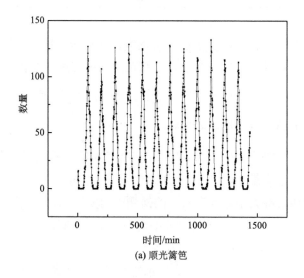

(a) 顺光篱笆

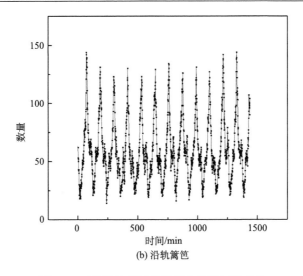

(b) 沿轨篱笆

图 3.8　两种篱笆望远镜视场内的目标数变化

3.3　探测小碎片的天基篱笆

探测小碎片的目的主要是保证载人航天器的安全。空间碎片探测要求能对 1～2 cm 的空间碎片进行编目。当然，为了保护空间站，要求的探测范围也降低到 300～400 km。

以下介绍现在我们能做到什么程度。

3.3.1　现在能制造的大望远镜

探测小碎片，需要大口径的望远镜，如果我们能得到 10 cm 的 CCD，像元大小 50 μm，Q_E 为 90%，根据焦比 1.2，对于 1.0 m 口径的望远镜，焦距就是 1.44 m，望远镜可以做到 4°×4° 视场，80%的光落在 40 μm 的范围内。

3.3.2　沿轨篱笆的探测能力

由于望远镜视场较小，一次探测范围 300～400 km，有些困难，因此，可分成两个部分，首先研究 300～350 km 的探测。这时，目标最低探测高度为 260 km，平台高度为 449 km。

根据望远镜的指标，20 平台的探测能力如表 3.17 所示。探测目标的大小为 2.3～3.7 cm，很难达到探测 1～2 cm 空间目标的要求。

表 3.17　20 平台的探测能力　　　　　　（单位：cm）

θ/ (°)	目标高度/km					
	300	310	320	330	340	350
9.00	2.4	2.4	2.3	2.3	2.3	2.3
9.90	2.6	2.6	2.6	2.6	2.5	2.5
10.80	2.7	2.7	2.7	2.7	2.7	2.7
11.70	2.8	2.8	2.8	2.8	2.8	2.8
12.60	3.0	3.0	3.0	3.0	3.0	3.0
13.50	3.1	3.1	3.1	3.1	3.1	3.1
14.40	3.3	3.3	3.3	3.3	3.3	3.3
15.30	3.3	3.3	3.3	3.3	3.3	3.3
16.20	3.5	3.5	3.5	3.5	3.5	3.5
17.10	3.5	3.5	3.5	3.5	3.5	3.5
18.00	3.7	3.7	3.7	3.7	3.7	3.7

这个方案的成本很大，需要 40 个 1.2 m 的望远镜，发射 20 个平台，每个望远镜重量大约有 1 t。而且，10 cm 的背照 CCD，2 k×2 k、50 μm，也没有现货，需要研制，虽然这是可以研制出来的，没有技术困难。

由表 3.17 可见，20 平台的沿轨篱笆对 300~350 km 的目标的探测能力大致为 2.3~3.7 cm。而要探测 350~400 km 的目标，还需要调整望远镜方向，即篱笆交替观测 300~350 km 和 350~400 km 的目标，或者利用望远镜进行扫描观测。

3.3.3　顺光篱笆的探测能力

如果采用顺光观测，探测能力大致如表 3.18 所示。

表 3.18　顺光观测的探测能力　　　　　　（单位：cm）

x/ (°)	目标高度/km											
	300	310	320	330	340	350	360	370	380	390	400	500
11.24	0.0	0.0	2.2	2.5	2.6	2.7	2.7	2.9	3.0	2.9	3.0	3.5
11.64	0.0	2.2	2.5	2.6	2.8	2.8	2.9	3.0	3.0	3.1	3.1	3.4
12.04	2.2	2.6	2.7	2.7	2.9	3.0	2.9	3.0	3.1	3.2	3.3	3.5
12.44	2.6	2.8	2.8	2.9	3.0	3.0	3.1	3.2	3.3	3.2	3.2	3.6
12.84	2.7	2.9	3.0	3.0	3.1	3.1	3.2	3.2	3.2	3.3	3.4	3.7

续表

x/ (°)	目标高度/km											
	300	310	320	330	340	350	360	370	380	390	400	500
13.24	2.9	2.9	3.0	3.1	3.2	3.1	3.2	3.3	3.4	3.4	3.5	3.8
13.64	3.0	3.1	3.2	3.3	3.2	3.3	3.4	3.4	3.5	3.6	3.5	3.8
14.04	3.2	3.3	3.2	3.3	3.4	3.4	3.5	3.6	3.5	3.5	3.6	3.9
14.44	3.2	3.3	3.3	3.4	3.5	3.6	3.5	3.5	3.6	3.6	3.7	4.0
14.84	3.3	3.4	3.5	3.6	3.5	3.5	3.6	3.6	3.7	3.7	3.8	4.1
15.24	3.5	3.6	3.5	3.5	3.6	3.6	3.7	3.8	3.8	3.9	3.7	4.2

由表 3.18 可见，300～400 km 目标的探测能力为 2.2～3.9 cm。与沿轨方式相比，两者差不多。

3.3.4 两种方法比较

由于使用的望远镜相同，探测精度一样，均约为 6″，探测目标尺寸也差不多，平台高度也一样。

沿轨方式，需要 20 个平台，40 个望远镜，而且需要分段观测或扫描观测。顺光方式，平台个数（望远镜个数）是任意的，可以逐步实施。要多少平台才能进行编目，还有待试算。不过，我们相信：总不要 40 个平台，就能进行编目。从这点看，顺光方式是有优势的。

但是，目标的轨道关联要麻烦得多，因为小碎片都是新目标，新目标捕获更加困难，这是顺光方式的缺点。

3.3.5 小结

探测小碎片，需要大口径望远镜，比较现实的是研制 1.2 m 的望远镜；探测小碎片，需要大面阵 CCD，最好在 10 cm 以上，比较现实的是 12 cm 面阵，50 μm 的 CCD。可以达到的探测能力，大致为 3 cm 的空间碎片，对于 1～2 cm 的空间碎片，要求现在就探测到有些困难。即使我们研究图像处理技术，可以探测到信噪比为 2 的目标（表 3.19），也不能保证看到 2 cm 的碎片。

表 3.19 顺光观测的探测能力（k=2） （单位：cm）

x/（°）	目标高度/km											
	300	310	320	330	340	350	360	370	380	390	400	500
11.24	0.0	0.0	1.7	1.9	2.0	2.1	2.2	2.3	2.2	2.3	2.4	2.7
11.64	0.0	1.7	1.9	2.1	2.1	2.2	2.2	2.3	2.4	2.4	2.5	2.7
12.04	1.8	2.0	2.0	2.2	2.3	2.3	2.3	2.4	2.5	2.4	2.5	2.8
12.44	2.0	2.1	2.2	2.2	2.3	2.4	2.5	2.4	2.5	2.5	2.6	2.9
12.84	2.1	2.3	2.3	2.4	2.4	2.5	2.5	2.5	2.6	2.6	2.7	3.0
13.24	2.2	2.3	2.4	2.5	2.4	2.5	2.6	2.6	2.7	2.7	2.6	2.9
13.64	2.4	2.5	2.4	2.5	2.6	2.6	2.7	2.7	2.6	2.7	2.7	3.0
14.04	2.4	2.5	2.5	2.6	2.7	2.7	2.6	2.7	2.7	2.8	2.8	3.1
14.44	2.5	2.6	2.7	2.7	2.6	2.7	2.7	2.8	2.8	2.9	2.9	3.1
14.84	2.7	2.7	2.6	2.7	2.7	2.8	2.8	2.9	2.9	3.0	2.9	3.2
15.24	2.6	2.7	2.8	2.8	2.8	2.9	2.9	3.0	2.9	2.9	3.0	3.2

第4章 轨道关联

天基观测是一种针对空域的观测，针对空域的观测一般是没有预报的，我们不知道我们观测的数据属于哪个目标。要进行编目定轨，首先需要确认观测到的空间目标的身份，即确定该目标的国际编号，以便从数据库中找出该目标的历史观测数据，然后与这次观测数据一起进行编目定轨，完成目标轨道的更新，这就需要轨道关联。

轨道关联是根据空间目标轨道理论，建立观测数据与目标轨道之间对应关系的一种方法，轨道关联是空间目标编目的核心内容。轨道关联在地面数据处理中心完成。

4.1 地面观测的轨道关联方法

假定一个地面观测设备得到一个目标的观测数据为

临时编号，$t_i, \alpha_i, \delta_i \ (i = 1, 2, \cdots, n)$

轨道关联的主要内容包括：

- 初选候选目标集合；
- 与已知目标的轨道比对；
- UCT 数据处理-新目标的发现和捕获。

以下简要介绍这些内容。

4.1.1 初选候选目标集合

对于任何一组观测数据 $t_i, \alpha_i, \delta_i (i = 1, 2, \cdots, n)$，当然可以直接与轨道数据库的所有目标轨道进行比较，完成观测数据的轨道关联。但是，近地目标数量很多，关联工作量巨大，因此需要选出一个目标较少的候选目标集合，只对候选目标集合中的较少目标进行轨道比对，以便提高轨道关联的效率。

对于任何时刻 t，可能出现在望远镜视场中的目标是可以预报的，与观测数据没有关系，因此，在轨道关联前就可以选好候选目标集合。

确定候选目标集合的过程，称为初选。初选候选目标集合的最直观的条件为在观测时段（t_1, t_n）内目标在望远镜视场内。如果需要对某一天的观测进行关联，具体的初选方法为：对观测日期的每一分钟 t_n，选出有可能出现在视场中的目标集合：

$$jh_0, jh_1, jh_2, \cdots, jh_{1440}$$

为了保证轨道关联成功，初选必须保证选出的候选目标集合中包含观测的目标，而且我们必须考虑到目标轨道是有误差的。

假定 t 时刻的望远镜方向的单位向量 $\boldsymbol{W}$（可按 2.1.3 节的方法计算），t 时刻的平台和目标的地心向量分别为 $\boldsymbol{r}_0$ 和 $\boldsymbol{r}$，则目标在望远镜视场内的条件为

$$\boldsymbol{W} \cdot \frac{\boldsymbol{r} - \boldsymbol{r}_0}{|\boldsymbol{r} - \boldsymbol{r}_0|} \geqslant \cos \alpha$$

式中，α 为望远镜视场半径。考虑到目标轨道有误差，必须将视场适当扩大，如 45°（可按目标轨道的误差调节），于是目标初选条件就为

$$\boldsymbol{W} \cdot \frac{\boldsymbol{r} - \boldsymbol{r}_0}{|\boldsymbol{r} - \boldsymbol{r}_0|} \geqslant \frac{\sqrt{2}}{2} \tag{4.1}$$

满足式（4.1）条件的目标集合，可以作为一种候选目标集合。

4.1.2 已知目标的轨道关联–轨道比对方法

通过图像处理和天文定位，就可得到某个目标的观测数据 t_i, α_i, δ_i（$i = 1, 2, \cdots, n$），通过初选，我们得到了包含该目标的候选目标集合 jh_t（观测中间时刻的目标集合）。下面讨论最终确定该目标的国际编号的方法。

设观测数据为 t_i, α_i, δ_i（$i = 1, 2, \cdots, n$），n 为观测点数，将观测数据转换为单位矢量：

$$\boldsymbol{l}_{\text{赤}}^i = \begin{pmatrix} \cos \delta_i \cos \alpha_i \\ \cos \delta_i \sin \alpha_i \\ \sin \delta_i \end{pmatrix} \tag{4.2}$$

并将观测向量 $\boldsymbol{l}_{\text{赤}}^i$ 转换到轨道坐标系：

$$\boldsymbol{l}_{\text{轨}}^i = \boldsymbol{M}_{\text{CIO}}(t) \boldsymbol{l}_{\text{赤}}^i \tag{4.3}$$

式中，$\boldsymbol{M}_{\text{CIO}}(t)$ 为坐标转换矩阵，其算法请参见附录 C。

对于 jh_t 内的每一个目标，与每个观测资料建立观测方程：

$$\boldsymbol{r}_i = \boldsymbol{r}_{0i} + \rho_i \cdot \boldsymbol{l}_i \tag{4.4}$$

式中，r_{0i} 为 t_i 时刻平台的地心向量，可用平台的轨道根数计算；ρ_i 为平台到目标的距离，可用式（4.5）计算：

$$\rho_i = \sqrt{r_i^2 - r_{0i}^2 \sin^2 z_i} - r_{0i} \cos z_i$$
$$r_{0i} \cos z_i = \boldsymbol{l}_i \cdot \boldsymbol{r}_{0i} \tag{4.5}$$
$$r_{0i}^2 \sin^2 z_i = r_{0i}^2 - r_{0i}^2 \cos^2 z_i$$

式中，$\boldsymbol{r}_{0i}$ 为 t_i 时刻的平台地心向量，为了书写简便，式中定义 $\boldsymbol{l}_i = \boldsymbol{l}_{\text{轨}}^i$。

将式（4.4）计算的 $\boldsymbol{r}_i$ 做坐标变换，变换到 x 轴指向轨道升交点、z 轴指向轨道面法向、xyz 轴组成右手系的坐标系中，即

$$\boldsymbol{r}_{Ni} \equiv \begin{pmatrix} x_i \\ y_i \\ z_i \end{pmatrix} = R_x(i) R_z(\Omega) \boldsymbol{r}_i \tag{4.6}$$

式中，i 和 Ω 分别为已知目标的倾角和升交点赤经；R_x 和 R_z 分别为坐标旋转矩阵，于是有

$$u_i = \arctan(y_i / x_i)$$
$$\Delta T_i = (\lambda_{0i} - \lambda_i) / n \tag{4.7}$$
$$\Delta \theta_i = \arcsin(z_i / r_i)$$

式中，n 为目标的平运动；r_i 为目标的地心距；λ_{0i} 由 u_i 换算而得，对应于观测方程[式（4.4）]；$\lambda_i = M_i + \omega_i$ 为 t_i 时刻的目标平经度，对应于 t_i 时刻的目标轨道根数。

观测数据可以形成两个误差序列 $\{\Delta T_i\}$ 和 $\{\Delta \theta_i\}$，ΔT_i 表示时间差，$\Delta \theta_i$ 表示轨道面差。在较短的观测时间内，ΔT_i 和 $\Delta \theta_i$ 可以表示为时间的线性函数，即

$$\Delta T_i = a_0 + a_1(t_i - t_0) + \xi_i$$
$$\Delta \theta_i = b_0 + b_1(t_i - t_0) + \eta_i \tag{4.8}$$

通过稳健估计方法求解上述方程组，得到四个系数 a_0、a_1、b_0、b_1，这四个系数的物理意义如下。

a_0 反映初始轨道不准和大气阻力摄动误差引起的沿迹差；

a_1 反映目标速度的误差，包括轨道周期、偏心率和近地点幅角不准引起的误差；

b_0 反映轨道升交点赤经的误差；

b_1 反映倾角的误差。

当 a_1、b_0 和 b_1 同时满足一定门限时，即

$$|a_1| \leqslant S_{a_1}, \quad |b_0| \leqslant S_{b_0}, \quad |b_1| \leqslant S_{b_1} \quad\quad (4.9)$$

式中的门限，通常情况下可采用如下数值：

$$S_{a_1} = 1 \text{s/min}, \quad S_{b_0} = 0.3°, \quad S_{b_1} = 0.1°/\text{min} \quad\quad (4.10)$$

满足式（4.10）的目标，可初步判别观测数据属于该目标。当观测数据与候选目标集合中的所有目标比对完毕后，轨道关联可能出现以下三种结果。

（1）在目标集合 jh_t 中，仅有一个目标和观测数据可能关联，此时，将观测数据标识为该目标编号，该数据的关联就顺利结束。

（2）在目标集合 jh_t 中，没有任何目标和观测数据关联，此时，将观测数据标识为 UCT，进行后续新目标轨道计算流程。

（3）在目标集合 jh_t 中，存在多个目标和观测数据关联，说明自动关联失败。地面探测数据编目的经验告诉我们，出现这种情况，不会只有一个目标，总是几个目标同时出现的。例如，两组数据对应两个目标，由于目标轨道误差和门限问题，无法正确判别数据和目标的对应关系。这时，处理方法有如下两种。

（1）比较 a_0 方法：选择 a_0 最小的目标作为该数据的关联目标。

（2）轨道改进方法：将以上关联方法嵌入轨道改进程序，也可自动判别数据和目标的对应关系。当然，这个过程比较复杂，需要有经验的分析师。

通过以上关联，弧长大于 10 s 的观测弧段有 95% 以上的可得到关联，即关联成功率可达 95% 以上。

4.1.3 UCT 数据处理-新目标的发现和捕获

没有关联的观测数据，它们可能属于重要的新目标和变轨目标，有重要的空间态势变化信息，因此 UCT 数据处理非常重要。UCT 数据处理的主要步骤如下。

1. 观测数据的初轨计算

UCT 数据处理的第一步，是计算初轨，初轨计算方法如下。

1）Laplace 方法

最常用初轨计算方法是 Laplace 方法，该方法是由观测数据 t_i 和 l_i 计算 t_0 时刻目标地心向量 $\boldsymbol{r}_0$ 和速度向量 $\dot{\boldsymbol{r}}_0$，得到目标轨道根数，其基本原理如下：

$$\boldsymbol{r} = \rho \boldsymbol{l} + \boldsymbol{R}$$
$$\boldsymbol{r} = f\boldsymbol{r}_0 + g\dot{\boldsymbol{r}}_0 \tag{4.11}$$

式中，$\boldsymbol{R}$ 为测站坐标（天基观测时为平台坐标）；f 和 g 分别为天体力学中的 f、g 级数，它们的封闭表达式为

$$\begin{cases} f = 1 - \dfrac{a}{|\boldsymbol{r}_0|}(1 - \cos \Delta E) \\[2mm] g = \Delta t - \dfrac{1}{n}(\Delta E - \sin \Delta E) \end{cases} \tag{4.12}$$

其中，$\Delta E = E - E_0$，在已知轨道某个初值的前提下，可由下式迭代计算：

$$\Delta E = n\Delta t + \left(1 - \dfrac{r_0}{a}\right)\sin \Delta E - \dfrac{r_0 \dot{r}_0}{na^2}(1 - \cos \Delta E) \tag{4.13}$$

式中，$\Delta t = t - t_0$，是已知量。第一次迭代时，$a = 1.1$，$\Delta E = n\Delta t$。

令式（4.11）中两个公式相等，即得到初轨计算的基本方程：

$$\rho \boldsymbol{l} + \boldsymbol{R} = f\boldsymbol{r}_0 + g\dot{\boldsymbol{r}}_0 \tag{4.14}$$

式（4.14）两端分别点乘与 $\boldsymbol{l}$ 垂直的向量 $\boldsymbol{A}$ 和 $\boldsymbol{h}$，得到初轨计算的条件方程：

$$\begin{cases} f(\boldsymbol{r}_0 \cdot \boldsymbol{A}) + g(\dot{\boldsymbol{r}}_0 \cdot \boldsymbol{A}) = 0 \\ f(\boldsymbol{r}_0 \cdot \boldsymbol{h}) + g(\dot{\boldsymbol{r}}_0 \cdot \boldsymbol{h}) = \boldsymbol{R} \cdot \boldsymbol{h} \end{cases} \tag{4.15}$$

式中，$\boldsymbol{A}$ 和 $\boldsymbol{h}$ 的定义为

$$\boldsymbol{A} = \dfrac{\boldsymbol{l} \times \boldsymbol{R}}{|\boldsymbol{l} \times \boldsymbol{R}|}$$
$$\boldsymbol{h} = \boldsymbol{A} \times \boldsymbol{l} \tag{4.16}$$

假如已知目标的轨道初值，例如，$a = 1.1$，$\Delta E = n\Delta t$，就可以计算级数 f 和 g 的初值，条件方程法化后，可求出 $\boldsymbol{r}_0$ 和 $\dot{\boldsymbol{r}}_0$，得到一组新的轨道根数，级数 f 和 g 可重新计算。如此迭代，收敛后即可得到观测数据对应的轨道根数。

由于短弧定轨有 (a,e) 相关问题，在弧长短于 5 min 时，得到的初轨精度不高，鉴于 LEO 目标的偏心率很小（大多数小于 0.003），因此，可以采用圆轨道初轨计算方法。

2）圆轨道优选方法

在地面观测时，圆轨道初轨计算可简化为轨道半长径 a 的一维优选问

题，只需利用两个测角资料，就可计算初轨。

优选法的参数为轨道半长径 a，优选的目标函数可定义为

$$\Delta n = |n_1 - n_2| \tag{4.17}$$

式中，

$$n_1 = \sqrt{\frac{\mu}{a^3}}, \quad n_2 = \frac{\Delta u}{\Delta t}\left[1 + \frac{3J_2}{4a^2}(6 - 8\sin^2 i)\right] \tag{4.18}$$

其中，μ 和 J_2 为地球引力常数；Δu 参见式（4.22）。

假设两个观测资料为 $\{t_1, \alpha_1, \delta_1\}$ 和 $\{t_2, \alpha_2, \delta_2\}$，则两个观测数据的单位向量为

$$\boldsymbol{l}_1 = \begin{pmatrix} \cos\delta_1\cos\alpha_1 \\ \cos\delta_1\sin\alpha_1 \\ \sin\delta_1 \end{pmatrix}, \quad \boldsymbol{l}_2 = \begin{pmatrix} \cos\delta_2\cos\alpha_2 \\ \cos\delta_2\sin\alpha_2 \\ \sin\delta_2 \end{pmatrix} \tag{4.19}$$

给定目标的半长径 a，目标函数计算过程如下。

（1）计算目标的地心向量 $\boldsymbol{r}_1$ 和 $\boldsymbol{r}_2$：

$$\boldsymbol{r}_i \equiv \begin{pmatrix} x_i \\ y_i \\ z_i \end{pmatrix} = \rho_i \boldsymbol{l}_i + \boldsymbol{R}_i, \quad i = 1, 2 \tag{4.20}$$

$$\rho_i = \sqrt{a^2 - |\boldsymbol{R}_i|^2 \sin^2 z_i} - |\boldsymbol{R}_i|\cos z_i$$
$$|\boldsymbol{R}_i|\cos z_i = \boldsymbol{l}_i \cdot \boldsymbol{R}_i \tag{4.21}$$
$$|\boldsymbol{R}_i|^2 \sin^2 z_i = |\boldsymbol{R}_i|^2 - (|\boldsymbol{R}_i|\cos z_i)^2$$

式中，$\boldsymbol{R}_i$ 为测站坐标；z_i 为目标的天顶距。

（2）计算目标轨道面及 Δu：

$$\Delta u = \arccos\left(\frac{\boldsymbol{r}_1 \cdot \boldsymbol{r}_2}{a^2}\right) \tag{4.22}$$

$$\boldsymbol{N} \equiv \begin{pmatrix} N_1 \\ N_2 \\ N_3 \end{pmatrix} = \boldsymbol{r}_1 \times \boldsymbol{r}_2 \tag{4.23}$$

$$i = \arccos\left(\frac{N_3}{a^2 \sin\Delta u}\right)$$

$$\Omega = \arctan\left(\frac{N_1}{-N_2}\right) \tag{4.24}$$

$$\begin{pmatrix} r\cos\lambda_i \\ r\sin\lambda_i \\ 0 \end{pmatrix} = R_1(i)R_3(\Omega)\boldsymbol{r}_i, \quad i=1,2 \qquad (4.25)$$

半长径的优选法可采用最简单的爬山法，步长可取 0.02，对分 8 次即可收敛，得到近圆假设下的目标初始轨道。

2. UCT 数据处理的核心问题

经过处理，所有 UCT 不仅有观测数据，而且有对应的初轨。UCT 数据的数量是很大的，假定有 N 组，我们必须在这些数据中找到哪些数据是属于同一目标的，并确定其轨道，这就是 UCT 数据处理的核心问题。

假定任选两组数据（含初轨），判断它们属于同一目标的方法如下。

1）数据与轨道的判别法

该方法就是将一组初轨当作已知轨道，判别另一组数据是否属于该目标，方法同 4.1.2 节。

2）初轨判别法

假定两个目标的初轨为 t_1，σ_1：$a_1,e_1,i_1,\Omega_1,w_1,M_1$ 和 t_2，σ_2：a_2,e_2,i_2，Ω_2,w_2,M_2。两个目标属于同一目标的判别过程如下。

（1）轨道面一致和地面高度相近。

$$\Delta i = \left| i_2 - i_1 \right| \leqslant 1°$$
$$\Delta\Omega = \left| \Omega_1 + \frac{\mathrm{d}\Omega_1}{\mathrm{d}t}(t_2-t_1) - \Omega_2 \right| \leqslant 1° \qquad (4.26)$$
$$\left| a_1 - a_2 \right| \leqslant 80\,\text{km}$$

式中，$\dfrac{\mathrm{d}\Omega_1}{\mathrm{d}t} = -\dfrac{3J_2 n_1}{2p_1^2}\cos i_1$，$n_1 = \sqrt{\mu/a_1^3}$，$p_1 = a_1(1-e_1^2)$，$J_2 = 0.001082636$，$\mu$ 为地球引力场常数。

（2）时间间隔与轨道周期相一致。

将两组根数化到相同的 $\lambda = \lambda^*$（一般 $\lambda^* = \frac{1}{2}(\lambda_1+\lambda_2)$）：

$$T_1 = t_1 + \frac{\lambda^* - \lambda_1}{n_1}; \; T_2 = t_2 + \frac{\lambda^* - \lambda_2}{n_2}$$

这时，T_1 和 T_2 之间就是目标运行 k（整数）圈的时间。根据 n_1（或 n_2）可以猜测 k，于是就可得到目标的周期，经换算得到目标的较正确的 a（可作为轨道改进的初值）。如果这两组数据属于同一目标，则对于偏心率小于

0.01 的目标，有

$$|a_1 - a| \leqslant 0.01a, \quad |a_2 - a| \leqslant 0.01a \tag{4.27}$$

同时满足式（4.26）和式（4.27）的两组数据就可判别为同一目标。

3. UCT 处理的主要困难

UCT 处理的主要困难如下。

（1）工作量十分巨大，关联必须进行 C_N^2 组猜测和判别，当 N 较大（如空间目标解体）时，工作量很大，数据处理中心的大型计算机也可能来不及计算。

（2）短弧定出的初轨精度较低，特别是天基观测的数据没有测距数据，初轨的精度更差，式（4.26）和式（4.27）的门限只能放宽，使得选出的目标可能不是同一目标，也可能是给定轨道改进的初值不够精确（k 猜得不对），落在轨道改进的收敛半径之外，使得轨道改进不收敛。

（3）不可避免出现的误码引起的数据粗差也会造成关联失败。

（4）在 $t_2 - t_1$ 较大时，k 不能唯一选择，产生整圈不确定的问题。

（5）不管望远镜的探测能力如何，总有一些目标（如姿态不稳定的碎片）在探测极限附近，使得它有时看得见，有时看不见，令 $t_2 - t_1$ 变大而不能正确关联，长期不能关联的目标将会"丢失"。

（6）当 $t_2 - t_1$ 达到一定长度 ΔT 时，由于编目所用的力学模型精度较低，只能放弃这些数据。近地目标的 ΔT 一般不会超过 30 天，在实际工作中，由于计算机速度的限制，ΔT 只能更短。

（7）人工关联时，分析师也不是万能的，也会犯错误，特别是对于天基探测数据，均没有处理经验，可能会碰到新问题。

这些问题，必须通过实践才能解决，可能还需要研发一些辅助软件，以帮助分析师判断。

4. 目标轨道的确认

将通过门限判别的两组数据放在一起，给定合适的初值（a 用 T_1、T_2 和 k 换算得到的数值）进行轨道改进（如果弧段短，改进时可固定一些参数），如果轨道改进收敛，就可得到新目标的轨道。如果 k 猜得不对，轨道改进不收敛，可以重猜，直至轨道改进收敛。如果用这组根数作预报，观测到了目标，这时才能说该目标捕获了。当然，新目标的捕获是人工关联，这时需要有经验的分析师。

4.2　沿轨篱笆的轨道关联

本节将以 8 平台沿轨篱笆为背景，介绍天基篱笆的轨道关联，显然，该方法可以推广到平台数不同的沿轨篱笆。

4.2.1　初选候选目标集合

对于沿轨篱笆的初选候选目标集合，有以下两种方法可以进行选择。

1. 望远镜视场初选

对于沿轨篱笆，初选候选目标的条件：在观测时间区间（t_1, t_2）中，目标均在望远镜视场内，即

$$|X_i| \leqslant \alpha, \quad |Y_i| \leqslant \alpha \qquad i=1,2 \tag{4.28}$$

式中，X_i 和 Y_i 为 t_i 时目标的 CCD 坐标（参见 2.1.3 节）。对于总数为 4640 个目标的关联，在任一时间 t 由式(4.28)选出的候选目标集合 jh_t 中有 100～300 个目标。如果目标总数变为 10000 个，候选集合中的目标可增加到 600 个。

假定对应 t_1 和 t_2 的集合为 jh_{t_1} 和 jh_{t_2}，则最合理的候选集合为 jh_{t_1} 和 jh_{t_2} 的交集。其目标数将比 jh_{t_1} 或 jh_{t_2} 都少。

考虑到目标轨道的误差，jh_{t_1} 和 jh_{t_2} 应该利用 $t_1 + \Delta t$ 和 $t_2 - \Delta t$ 轨道来计算。

2. 计算候选目标集合的方法

为了提高关联效率，缩小候选目标集合，可以利用预报可见弧段的目标作为候选集合。

候选目标集合可以使用逐次计算每个望远镜每个目标的可见弧段得到，但是计算时间很长，对于 8 平台的沿轨篱笆，计算 4640 个目标一天的可见弧段需要 9～10 h。

对于沿轨篱笆，大多数目标的可见弧段在平台和目标轨道面交点附近，因此，为了计算可见区间，首先需要计算平台和目标轨道面交点。下面首先介绍一种通过轨道面交点计算候选目标集合的方法。

1）目标和平台轨道面交点计算方法

（1）目标与平台轨道面交点的球面三角方法。

计算目标和平台轨道交点的目的，是得到交点在平台轨道面上的位置及目标过交点的时间。由于目标的观测弧长与两个轨道面的夹角 $\angle A$ 有关，这里还需计算轨道面夹角 $\angle A$。

交点的计算一般可以使用球面天文方法解决。如图 4.1 所示，N_0 是平台升交点，N 为目标轨道升交点。

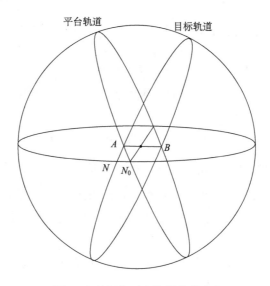

图 4.1　目标与平台轨道的升交点

在球面三角形 NN_0A 中，按如下方法定义边角：$B=\angle N=i$，$C=\angle N_0=180°-i_0$，$a=NN_0=\Omega_0-\Omega$，$b=u_0$，于是根据球面天文公式求出 A 点的 u_0：

$$\tan u_0 = \frac{\sin(\Omega_0-\Omega)\sin i}{\cos i \sin i_0 - \sin i \cos i_0 \cos(\Omega_0-\Omega)} \tag{4.29}$$

目标纬度角 u：

$$u = \begin{cases} \arcsin \dfrac{\sin u_0 \sin(180°-i_0)}{\sin i}, & \cos A \geqslant 0 \\[2mm] \pi - \arcsin \dfrac{\sin u_0 \sin(180°-i_0)}{\sin i}, & \cos A < 0 \end{cases} \tag{4.30}$$

式中，

$$\cos A = \cos i \cos i_0 + \sin i \sin i_0 \cos(\Omega_0-\Omega) \tag{4.31}$$

B 的纬度角就是 $180°+u$。

这种方法，需要 A，B 两点分开计算，计算 u_0 和 u 时，需要知道目标过交点时刻的轨道根数，而这时的根数事先是不知道的，因此，计算需要迭代；另外，由于轨道相交的情况不同，需要分升段相交、降段相交等情况，分别采用不同公式计算；用 u 计算过交点时间，隐含着 u 是代表时间的，也有许多需要注意的问题，计算比较麻烦。因此，推荐使用下面优选交点时刻的方法。

（2）目标过交点的时刻优选方法。

目标轨道与平台轨道相交，也可以理解为目标的地心向量 r 在平台的轨道面之内，即需要满足如下条件：

$$r \cdot N = 0 \tag{4.32}$$

其中，N 为平台轨道面法向，即

$$N = \begin{pmatrix} \sin\Omega_0 \sin i_0 \\ -\cos\Omega_0 \sin i_0 \\ \cos i_0 \end{pmatrix} \tag{4.33}$$

式中，i_0 为平台的轨道倾角；Ω_0 为平台的升交点经度。

对于任意时刻，r 和 N 均是可以计算的。于是可以将 $|r \cdot N|$ 作为优选指标，选出交点时刻 t 来。

在下面寻找可能观测到目标的平台及设置寻找平台的时间范围，还需知道 u_0 与目标轨道和平台轨道的夹角 A。它们的计算方法如下。

这时目标的地心向量 r 在平台的轨道面之内，因此有

$$\begin{pmatrix} r\cos u_0 \\ r\sin u_0 \\ 0 \end{pmatrix} = R_1(i_0)R_3(\Omega_0)r \tag{4.34}$$

由此，就可计算出 u_0。

假定 t 时的目标和平台轨道的轨道面法向方向为 N_1 和 N，则夹角为

$$A = \arccos(N \cdot N_1) \tag{4.35}$$

2）可见时间范围的估计

可见时间范围在平台和目标轨道面的交点附近，也就是说观测时刻与目标过交点时刻的差小于 ΔT。根据 4640 个目标，一天的 32 万个观测弧段

分析得知：ΔT 与 $\sin A$ 有关，对于 $\sin A$ 大于 0.3 的情况，ΔT 可以用式（4.36）计算：

$$\Delta T = 5.0/\sin A (\text{min}) \tag{4.36}$$

即观测目标的时间范围（t_1，t_2）为

$$t_1 = t - \Delta T，\quad t_2 = t + \Delta T \tag{4.37}$$

式中，t 为过交点时刻。

当 $\sin A$ 较小时，ΔT 将很大，我们很难利用公式计算 ΔT，实际上，有些目标就整天连续可见了。

3）可见平台和望远镜

假定 t 为目标过某交点的时刻，对应的目标在平台轨道上的位置为 u_0，第一个平台的 λ 为 λ_0，则平台和目标在平台轨道面内的排序为

平台 $_{m+3}$，平台 $_{m+2}$，平台 $_{m+1}$，目标，平台 $_m$，平台 $_{m-1}$，平台 $_{m-2}$

对于 8 平台篱笆，m 的计算方法为

$$m = \text{mod}\{\text{int}[(u_0 - \lambda_0)/45°]，8\} \tag{4.38}$$

当然，这时需要 $u_0 - \lambda_0$ 大于 0。

对于前面两个平台，只需考虑向后的望远镜；对于后面两个平台，只需考虑向前的望远镜；对于中间两个平台，则需要考虑两个望远镜。即需要计算 6 个平台 8 个望远镜。

当然，对于 $\sin A < 0.3$ 时的情况，为了不遗漏可见弧段，还是计算 16 个望远镜比较保险。

4）可见弧段计算

综上所述，可见弧段需在可见时间范围（t_1，t_2）内计算，计算方法如下。

（1）对于 $\sin A < 0.3$ 的目标，进行逐点计算，即在一天中（$t_1 = 0$ s，$t_2 = 86400$ s）对 16 个望远镜进行计算。

（2）对于 $\sin A \geqslant 0.3$ 的目标，进行交点计算，即对每个交点计算 8 个望远镜，时间范围为

$$t_1 = t - \Delta T，\quad t_2 = t + \Delta T$$

式中，ΔT 按式（4.36）进行计算。

有了可见时间范围和可见的平台，我们就可计算星历表和目标的 CCD 坐标，得到目标的可见弧段，计算方法见 2.1.3 节。要注意的是，在式（4.36）的时间范围内，可能分成两个弧段：由于目标短暂进入地影或中间出视场，

可见弧段断开了。

实践证明：利用这样的方法计算可见弧段，计算时间可以比逐点计算节省时间，对于 4640 个目标计算一天的可见弧段，只要 2 h。这样的计算速度快的原因是：在交点附近，ΔT 较小，只有几分钟，另外，我们需要逐点计算的弧段也较少，最多只有 6%（图 4.2）。

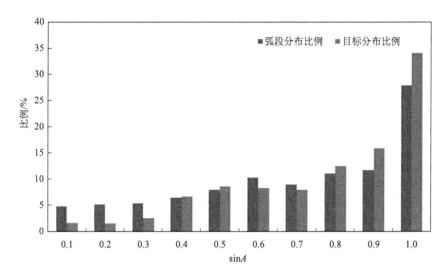

图 4.2　不同 $\sin A$ 弧段分布和目标分布比例

5）预报候选集合

根据以上计算，就可以得到所有可见弧段。模拟计算表明：对于 4640 个目标，预报的可见弧段一天有 32 万多个，对于一个望远镜，约为两万个。

候选的目标集合就是预报可见弧段中，同时包含观测开始时刻和结束时刻的所有可见弧段对应的目标。当然，由于有轨道误差，观测弧段应该适当延长。

需要说明的是，这样的候选集合的目标数不会超过只包含一个时刻的预报弧段数，而且有如下特性：短弧段的候选目标集合大，长弧段的候选目标集合小。

6）预报候选集合的大小

预报候选集合中的目标数与观测弧长有关。图 4.3 为候选目标集合中的目标数直方图，4640 个目标的一次计算表明（假定时间误差为 ±20 s）：候选集合的目标数，最多为 163 个，最少时只有 1 个目标，平均目标数为 33 个。

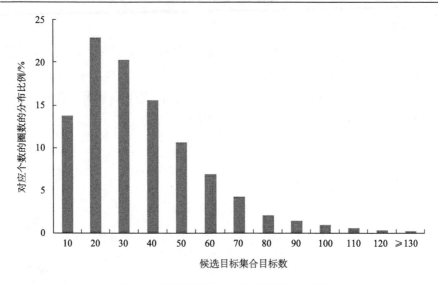

图 4.3　候选目标集合中的目标数直方图

　　图 4.4 为候选目标集合中的目标数分布图。由图 4.4 可见，相同弧长的候选集合的目标数不一定相同。例如，弧长为 10 s 的候选目标集合，目标数最少为 20 个，最多达 163 个[图 4.4（a）]；弧长达到 3 min 时，最少目标数就可能等于 1，即只有弧长超过 3 min 的弧段，才有可能实现精准关联。

　　图 4.4 还说明：实际上候选目标集合的目标数，取决于以下两个因素。

　　· 望远镜视场内的目标数；

　　· 实际观测弧长。

　　在望远镜视场内的目标数相同时，弧长越短，目标数越多。这里，弧长是指实际观测弧长，即以取到观测数据的弧长为准。

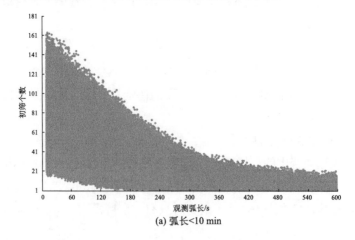

(a) 弧长<10 min

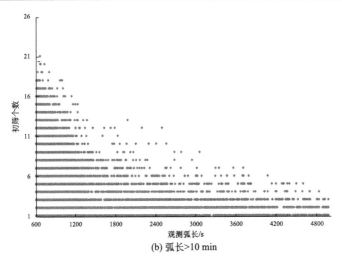

(b) 弧长>10 min

图 4.4　候选目标集合中的目标数分布图

7）预报候选集合举例

对于轨道已知的目标,可以计算一定时间范围内的目标可见弧段,得到:

平台望远镜,开始时间,结束时间,弧长,目标代号

预报数据有 32 万多条,对于一个望远镜,每天约为 20000 条,第一号平台向前（11）望远镜,观测时间为 4：13：52 到 4：16：10。表 4.1 只给出选出的 26 个预报弧段,考虑目标轨道的误差（$\Delta T = 20$ s）,选出条件为:每个弧段包含 4：14：12 和 4：15：51 两个时刻。

候选目标集合就是包含表最后一列 26 个目标的集合。

表 4.1　候选目标集合举例

平台望远镜	开始时间			结束时间			弧长/s	目标代号
	时	分	秒	时	分	秒		
11	4	13	52	4	16	10	138	22
11	4	10	52	4	18	23	451	4611
11	4	9	54	4	16	32	398	6267
11	4	9	10	5	58	35	6565	7082
11	4	9	15	4	20	11	656	8285
11	4	7	32	4	17	7	575	9481
11	4	12	32	4	18	30	358	10572
11	4	11	24	4	17	41	377	11042

续表

平台望远镜	开始时间			结束时间			弧长/s	目标代号
	时	分	秒	时	分	秒		
11	4	8	42	4	21	53	791	11586
11	4	11	48	4	18	10	382	11877
11	4	6	29	4	15	56	567	12108
11	4	12	32	4	21	29	537	15100
11	4	7	21	4	18	32	671	16799
11	4	12	57	4	23	39	642	16987
11	4	13	21	4	20	44	443	18363
11	4	5	3	4	17	56	773	18985
11	4	10	9	4	19	14	545	19770
11	4	11	18	4	23	58	760	19788
11	4	12	32	4	23	45	673	21109
11	4	13	30	4	21	4	454	22608
11	4	12	8	4	16	28	260	28254
11	4	13	39	4	49	38	2159	29801
11	4	4	34	4	54	24	2990	36588
11	4	12	4	4	20	2	478	36601
11	4	12	22	4	17	26	304	39073
11	4	12	1	4	40	31	1710	39086

3. 两种方法的互相验证

第 1 和第 2 部分给出了两种计算候选目标集合的方法。

方法 1（第 1 部分方法）：计算 $T_1+\Delta t$ 和 $T_2-\Delta t$ 两个时刻望远镜视场中的目标，求交集；

方法 2（第 2 部分方法）：计算可见区间（t_{1i}, t_{2i}）的预报，统计观测（T_1, T_2）满足（T_1, T_2）⊂（$t_{1i}-\Delta t$, $t_{2i}+\Delta t$）的预报弧段对应的目标。

表 4.2 给出了 4 个观测弧段候选目标用两种方法计算的结果，比较表 4.2 中的最后两列可以看出，结果是一样的。两种方法得到了互相验证。

当然，方法 1 比较简单，很容易理解，但是计算时间较长；方法 2 计算比较复杂，不过计算时间较短。下面比较两种方法的计算时间。

表 4.2 两种初选方法计算结果（$\Delta t = 20$ s）

观测时间	$T_1+\Delta t$ 望远镜视场内目标	$T_2-\Delta t$ 望远镜视场内目标	交集目标	预报方法初选候选目标
3:27:01 3:28:16	22,119,123,309,404,408,1335,1671,2328, 2980,3047,3230,4629,4922,5435,6207, 7003,7079,7082,8597,9494,9509,10459, 10656,11586,13600,13763,14619,15100, 15623,18938,19467,19531,19650,19770, 21263,21397,22185,22590,23324,24303, 25042,25280,25308,25406,25417,25679, 25731,25885,25946,28479,33053,35683, 36588,36601,37842,39086,41099,41185, 43641,43662,43711,44937,44956,45045, 45568,45668,45674,45686	22,119,123,404,408,1671,2328,2980, 3230,3561,4629,4922,5435,6207,7003, 7079,7082,7659,8352,8597,9509,10459, 13600,13763,14619,15623,18938,19467, 19531,19650,21263,21397,22185,22590, 23324,24303,25042,25280,25308,25406, 25417,25679,28479,33053,35683,36588, 36601,37842,39086,41099,41185,43173, 43641,43662,44268,44937,44956,45045, 45568,45674	22,119,123,404,408,1671,2328, 2980,3230,4629,4922,5435,6207, 7003,7079,7082,8597,9509,10459, 13600,13763,14619,15623,18938, 19467,19531,19650,21263,21397, 22185,22590,23324,24303,25042, 25280,25308,25406,25417,25679, 28479,33053,35683,36588,36601, 37842,39086,41099,41185,43641, 43662,44937,44956,45045,45568, 45674	22,119,123,404,408,1671,2328, 2980,3230,4629,4922,5435,6207, 7003,7079,7082,8597,9509,10459, 13600,13763,14619,15623,18938, 19467,19531,19650,21263,21397, 22185,22590,23324,24303,25042, 25280,25308,25406,25417,25679, 28479,33053,35683,36588,36601, 37842,39086,41099,41185,43641, 43662,44937,44956,45045,45568, 45674
4:13:52 4:16:11	22,4611,6267,7082,8285,9481,10572, 10585,10589,11042,11586,11680,11877, 12108,15100,16799,16987,18363,18985, 19134,19770,19788,21109,22343,22608, 24920,28254,29801,36588,36601,39073, 39086,44937	22,123,408,4327,4611,5435,6207,6267, 7082,8285,9481,9494,10572,11042, 11586,11877,12108,12175,13600,13763, 14113,14619,15100,16799,16987,18363, 18985,19046,19650,19770,19788,21109, 22185,22608,28254,29801,36588,36601, 39073,39086,43641,43871,44933,45234, 45708	22,4611,6267,7082,8285,9481, 10572,11042,11586,11877,12108, 15100,16799,16987,18363,18985, 19770,19788,21109,22608,28254, 29801,36588,36601,39073,39086	22,4611,6267,7082,8285,9481, 10572,11042,11586,11877,12108, 15100,16799,16987,18363,18985, 19770,19788,21109,22608,28254, 29801,36588,36601,39073,39086

续表

观测时间	$T_1+\Delta t$ 望远镜视场内目标	$T_2-\Delta t$ 望远镜视场内目标	交集目标	预报方法初选候选目标
13:52:40 13:53:59	22,404,870,1572,2401,2980,3555,4953, 6061,6120,6125,6267,7082,8285,8520, 9737,10730,10777,11042,11540,11880, 12108,12650,12983,13618,13736,15617, 16111,16611,17528,17535,19275,19788, 20510,20527,20528,20555,20864,22350, 22409,23343,23705,24870,25117,25338, 25733,27601,28591,28813,29054,29817, 29956,29958,30052,35867,36110,39073, 39089,39359,40064,40119,41790,41917, 43641,43672,43843,43909,44704,44820, 44921,45199,45219,45231,45234,45691, 45697,45708	22,1572,2980,4166,4953,5126,6120, 7082,8285,8520,9737,10573,10730, 10793,11042,11877,12108,12983,13386, 13736,14679,15078,15617,16208,16611, 17153,17528,17535,18362,19788,20510, 20528,20827,22185,22390,23466,24870, 25338,25733,27436,27601,28591,28813, 29788,29817,29937,29956,29958,30052, 30062,35683,35867,37182,39073,39089, 39450,40064,40119,43157,43641,44422, 44820,44921,44947,45191,45199,45452, 45561,45685,45697	22,1572,2980,4953,6120,7082, 8285,8520,9737,10730,11042, 12108,12983,13736,15617,16611, 17528,17535,19788,20510,20528, 24870,25338,25733,27601,28591, 28813,29817,29956,29958,30052, 35867,39073,39089,40064,41917, 43641,44820,44921,45199,45697	22,1572,2980,4953,6120,7082, 8285,8520,9737,10730,11042, 12108,12983,13736,15617,16611, 17528,17535,19788,20510,20528, 24870,25338,25733,27601,28591, 28813,29817,29956,29958,30052, 35867,39073,39089,40064,41917, 43641,44820,44921,45199,45697
14:41:29 14:44:36	22,107,159,959,2418,3230,4367,5126, 7082,8285,9737,11320,12676,13736, 14679,15623,17528,18129,18362,18749, 19788,20528,20763,20827,21338,21397, 22185,22390,22829,23431,24753,25338, 25415,25418,25733,25945,28058,28480, 29522,29958,30062,31598,33497,36827, 40019,40020,44548,44874,44947,44955, 45568,45658	22,107,159,959,2418,3230,4367,7082, 7893,9737,11320,12676,13736,14679, 15623,17528,18129,18362,18749,19788, 20528,20763,20827,21338,21397,22185, 22390,22829,23431,24753,25415,25418, 25733,25945,28058,28480,29522,30062, 31598,33497,36827,40019,40020,44208, 44548,44874,44947,44955,45577,45658	22,107,159,959,2418,3230,4367, 7082,9737,11320,12676,13736, 14679,15623,17528,18129,18362, 18749,19788,20528,20763,20827, 21338,21397,22185,22390,22829, 23431,24753,25415,25418,25733, 25945,28058,28480,29522,30062, 31598,33497,36827,40019,40020, 44548,44874,44947,44955,45658	22,107,159,959,2418,3230,4367, 7082,9737,11320,12676,13736, 14679,15623,17528,18129,18362, 18749,19788,20528,20763,20827, 21338,21397,22185,22390,22829, 23431,24753,25415,25418,25733, 25945,28058,28480,29522,30062, 31598,33497,36827,40019,40020, 44548,44874,44947,44955,45658

计算候选目标集合的主要计算时间用于计算目标星历表，并判别目标是否在望远镜视场内，因此，比较两种方法需要的判别次数就可以看出哪种方法的计算时间短。下面仍以 4640 个目标为例，来估计两种方法需要的判别次数。

方法 1：320000×2×4640

方法 2：4640×86400（逐点），4640×86400/5（交点）

显然，方法 2 效率较高，因此，建议使用方法 2。如果我们能建立计算目标预报或目标进入望远镜视场的分析理论，情况可能会发生变化。

4.2.2 已知目标的轨道关联–轨道比对方法

我们比较了一些轨道比对方法，认为 4.1.2 节的方法仍然有其优点：

· 不用计算初轨；

· 可以分开相同轨道面的目标。

因此，我们建议仍然采用此方法，只是，为了避免 ρ_i 计算的两重解，式（4.5）对应公式应改成

$$\rho_i = \left| \boldsymbol{r}_i - \boldsymbol{r}_{0i} \right| \tag{4.39}$$

当然，使用式（4.39）计算 ρ，要求目标轨道的精度较高，现在的编目轨道可以满足要求，今后沿轨篱笆的编目精度会更高，更能满足要求，因此，我们建议使用这种方法。

4.2.3 UCT 数据处理方法

1）圆轨道初轨计算方法碰到了困难

天基观测和地面观测对 UCT 处理的主要差别是：天基观测的目标天顶距 Z 可能大于 90°，特别是对于沿轨篱笆，目标的天顶距均大于 90°，这时计算 ρ 就有两种可能。如图 4.5 所示，在观测方向上有两个点 M、M_1，它们的地心距均为目标的 a，假定 OA 垂直与 PA，$OP=R$，$OA=R\sin Z$，$PA=-R\cos Z$，$OM=OM_1=a$，因此，ρ_i 有两种可能：

$$\rho_i = \begin{cases} AM = -\left| \boldsymbol{R}_i \right| \cos z_i - \sqrt{a^2 - \left| \boldsymbol{R}_i \right|^2 \sin^2 z_i} \\ AM_1 = -\left| \boldsymbol{R}_i \right| \cos z_i + \sqrt{a^2 - \left| \boldsymbol{R}_i \right|^2 \sin^2 z_i} \end{cases} \tag{4.40}$$

式（4.21）只对应第二种解，对于地面观测及轨道比平台高的目标的天基观测，用式（4.21）计算没有问题，但是，对于轨道比平台低的目标，

计算圆轨道初轨就会出现问题。

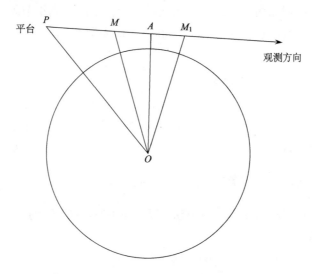

图 4.5　天基观测几何

假定观测资料为 (t_i, l_i)（$i=1,2,\cdots,kn$，kn 为一个弧段的资料个数)，对于任意一个观测数据 (t_i, l_i)，可以利用如下方法估计 ρ_i：

$$\theta = \arccos(l_{i-2} \cdot l_{i+2})$$

$$v_i = \frac{\theta_i}{t_{i+2} - t_{i-2}} \times 86400 \qquad (4.41)$$

$$\rho_i^* = 8/v_i$$

于是，ρ_i 可用下式计算：

$$\rho_i = \begin{cases} -\left|\boldsymbol{R}_i\right|\cos z_i - \sqrt{a^2 - \left|\boldsymbol{R}_i\right|^2 \sin^2 z_i}, & \rho_i^* < -\left|\boldsymbol{R}_i\right|\cos z_i \\ -\left|\boldsymbol{R}_i\right|\cos z_i + \sqrt{a^2 - \left|\boldsymbol{R}_i\right|^2 \sin^2 z_i}, & \rho_i^* \geqslant -\left|\boldsymbol{R}_i\right|\cos z_i \end{cases} \qquad (4.42)$$

应该说明：上面我们假定目标和平台的相对速度在视线垂直方向的投影为 8 km/s，这当然有一定误差，用式（4.41）计算 ρ_i 不能完全解决问题。

另外，还应该说明：在 a 的爬山搜索过程中，会碰到 $a^2 \leqslant \left|\boldsymbol{R}_i\right|^2 \sin^2 z_i$ 的情况，这时说明 a 超出了合理范围，需要将 a 处理为 $a = \left|\boldsymbol{R}_i\right|\sin z_i + \varepsilon$，其中，$\varepsilon$ 可以取值为几千米。

对于地心距为 a 的目标，最大天顶距 Z，就是 $Z = \pi - \arcsin\dfrac{a}{\left|\boldsymbol{R}\right|}$，因此，

上面的处理不是程序技巧，而是我们必须限制 a 在合理范围内的物理要求。

这样，圆轨道初轨计算方法就碰到了困难。不仅如此，其他初轨计算方法，如 Laplace 方法、Gauss 方法等也经常不收敛，因此，天基观测的初轨计算方法必须另想办法。

2）适用于沿轨篱笆观测的初轨计算方法

幸好，对于沿轨篱笆，一个目标均有几个望远镜可以同时观测，因此，可以利用同步观测得到该目标的地心向量。

显然有

$$\begin{cases} \boldsymbol{r}_i = \boldsymbol{r}_{i0}^A + \rho_i^A \boldsymbol{l}_i^A \\ \boldsymbol{r}_i = \boldsymbol{r}_{i0}^B + \rho_i^B \boldsymbol{l}_i^B \end{cases} \tag{4.43}$$
$$(i = 1, 2)$$

两式相等，两式点乘 $\boldsymbol{r}_{i0}^A \times \boldsymbol{l}_i^A$，有

$$\boldsymbol{r}_i = \boldsymbol{r}_{i0}^A + \rho_i^A \boldsymbol{l}_i^A = \boldsymbol{r}_{i0}^B + \rho_i^B \boldsymbol{l}_i^B$$
$$\boldsymbol{r}_{i0}^B \cdot (\boldsymbol{r}_{i0}^A \times \boldsymbol{l}_i^A) + \rho_i^B \boldsymbol{l}_i^B \cdot (\boldsymbol{r}_{i0}^A \times \boldsymbol{l}_i^A) = 0 \tag{4.44}$$
$$\rho_i^B = -\frac{\boldsymbol{r}_{i0}^B \cdot (\boldsymbol{r}_{i0}^A \times \boldsymbol{l}_i^A)}{\boldsymbol{l}_i^B \cdot (\boldsymbol{r}_{i0}^A \times \boldsymbol{l}_i^A)}$$

同理

$$\rho_i^A = -\frac{\boldsymbol{r}_{i0}^A \cdot (\boldsymbol{r}_{i0}^B \times \boldsymbol{l}_i^B)}{\boldsymbol{l}_i^A \cdot (\boldsymbol{r}_{i0}^B \times \boldsymbol{l}_i^B)}$$

于是

$$\boldsymbol{r}_i = \boldsymbol{r}_{i0}^A - \frac{\boldsymbol{r}_{i0}^A \cdot (\boldsymbol{r}_{i0}^B \times \boldsymbol{l}_i^B)}{\boldsymbol{l}_i^A \cdot (\boldsymbol{r}_{i0}^B \times \boldsymbol{l}_i^B)} \boldsymbol{l}_i^A$$
$$\boldsymbol{r}_i = \boldsymbol{r}_{i0}^B - \frac{\boldsymbol{r}_{i0}^B \cdot (\boldsymbol{r}_{i0}^A \times \boldsymbol{l}_i^A)}{\boldsymbol{l}_i^B \cdot (\boldsymbol{r}_{i0}^A \times \boldsymbol{l}_i^A)} \boldsymbol{l}_i^B \tag{4.45}$$
$$(i = 1, 2)$$

在式（4.45）中，选择分母较大的公式进行计算，精度会高一些。当然，ρ_i^A 和 ρ_i^B 也可以用下式计算：

$$\rho_i^A = \frac{\sin\theta_B}{\sin(\pi - \theta_A - \theta_B)} \left| \boldsymbol{r}_{i0}^B - \boldsymbol{r}_{i0}^A \right|$$
$$\rho_i^B = \frac{\sin\theta_A}{\sin(\pi - \theta_A - \theta_B)} \left| \boldsymbol{r}_{i0}^B - \boldsymbol{r}_{i0}^A \right| \tag{4.46}$$

式中，

$$(\boldsymbol{r}_{i0}^{B} - \boldsymbol{r}_{i0}^{A}) \cdot \boldsymbol{l}_{i}^{A} = \left| \boldsymbol{r}_{i0}^{B} - \boldsymbol{r}_{i0}^{A} \right| \cdot \cos\theta_{A}$$
$$(\boldsymbol{r}_{i0}^{A} - \boldsymbol{r}_{i0}^{B}) \cdot \boldsymbol{l}_{i}^{B} = \left| \boldsymbol{r}_{i0}^{B} - \boldsymbol{r}_{i0}^{A} \right| \cdot \cos\theta_{B}$$

（4.47）

有了 $\boldsymbol{r}_1$ 和 $\boldsymbol{r}_2$，就可计算轨道根数（公式从略），以此为初值，就可利用几个望远镜的观测数据进行轨道改进，并得到改进的轨道。

下面给出两个算例，见表 4.3～表 4.5。

表 4.3　两圈共视观测数据

目标	望远镜	观测日期	观测开始时刻	观测弧长/min
22	71	2020-12-21	01:02:40	0.9
	82	2020-12-21	01:02:40	0.9
29	41	2020-12-21	00:16:39	2.0
	52	2020-12-21	00:16:39	2.0

表 4.4　两种方法的比较

目标	方法	首点 ρ_i^A /km	首点 ρ_i^B /km	末点 ρ_i^A /km	末点 ρ_i^B /km	初轨半长径/km	初轨倾角/（°）
22	1	3407.268	2634.507	2822.895	3153.782	6937.7	50.2324
	2	3407.266	2634.510	2822.514	3154.162	6945.8	50.2474
29	1	2411.245	3625.983	2095.138	3935.679	7028.2	48.3879
	2	2411.105	3626.112	2095.288	3935.543	7030.4	48.4007

表 4.5　两圈轨道改进结果

目标	项目	半长径/km	偏心率	倾角/（°）	近地点/km	远地点/km
22	改进结果	6961.894	0.0128453	50.2878	494.155	673.359
	正确轨道	6960.120	0.0131419	50.2854	490.514	673.452
29	改进结果	7026.761	0.0018535	48.3808	635.648	661.601
	正确轨道	7026.231	0.0018670	48.3783	634.977	661.213

在以上算例中，观测数据加了 5″ 的随机误差，平台坐标（X,Y,Z）均加了 30 m 的随机误差。计算结果证明该方法是成功的。轨道改进的半长径 a 的精度约为 1 km，可以满足 UCT 处理的要求。

3）同一交点弧段的目标关联

前一部分讨论了沿轨篱笆的初轨计算方法，这需要利用目标在一个交点附近的两圈有同步给出的数据。在模拟计算时，这没有问题，但是在实际工作时，我们还需要确定这两圈是属于同一个目标。

根据 2.1.3 节，为了计算 CCD 坐标 X，我们定义了一个坐标系，其 X 轴为

$$X=\pm N$$

式中，N 为平台轨道面法向。因此，如果 CCD 坐标 $X=0$，目标就在平台轨道面之内，对应的时间就是目标过交点时刻。

显然，一个目标过交点的时间只有一个，因此，如果两个弧段的过交点时刻相同，这两个弧段就可判别为同一目标。

下面给出目标 000029 的 CCD 坐标，如表 4.6 所示。

表 4.6　目标 000029 的 CCD 坐标

目标	望远镜	时	分	秒	X	Y
000029	41	00	17	41.000	195.8099	−1809.8964
000029	41	00	17	42.000	126.1210	−1815.9787
000029	41	00	17	43.000	56.2573	−1822.1507
000029	**41**	**00**	**17**	**44.000**	**−13.7804**	**−1828.4126**
000029	41	00	17	45.000	−83.9915	−1834.7647
000029	41	00	17	46.000	−154.3750	−1841.2073
000029	52	00	17	40.000	−155.8211	−824.7637
000029	52	00	17	41.000	−114.7700	−825.6011
000029	52	00	17	42.000	−73.7778	−826.4822
000029	52	00	17	43.000	−32.8445	−827.4067
000029	**52**	**00**	**17**	**44.000**	**8.0296**	**−828.3747**
000029	52	00	17	45.000	48.8444	−829.3859
000029	52	00	17	46.000	89.5999	−830.4403
000029	52	00	17	47.000	130.2957	−831.5379

注：加粗的数据表示时间相同。

从表 4.6 可见，两个望远镜均在 00 时 17 分 44 秒附近，经过 $X=0$，说明两个望远镜观测的是同一目标。

下面再来看一下目标 000022 的 CCD 坐标，如表 4.7 所示。

表 4.7 目标 000022 的 CCD 坐标

目标	望远镜	时	分	秒	X	Y
000022	71	01	03	31.000	1188.6441	–748.9361
000022	71	01	03	32.000	1142.4973	–754.7840
000022	71	01	03	33.000	1095.9872	–760.8579
000022	**71**	**01**	**03**	**34.000**	**1049.1100**	**–767.1605**
000022	82	01	03	31.000	1076.5658	–658.9705
000022	82	01	03	32.000	1027.3157	–655.8006
000022	82	01	03	33.000	–978.3913	–652.8143
000022	**82**	**01**	**03**	**34.000**	**–929.7900**	**–650.0097**

注：加粗的数据表示时间相同。

表 4.7 中，这两个望远镜观测的 CCD 坐标 X 没有到达 0 就中断了，且中断的时间是一样的。研究表明：这是目标进入地影了，显然，同时进入地影的，也是同一目标。

当然，实际情况可能会由于设备工作中断等原因，找不到 X=0 或同时进入地影的时间，这时，可能需要 3 个同步点，用以上方法就是 $r_i(i=1,2,3)$，判别它们是否在同一平面内，来判断观测的是否为同一目标。

顺便说一下，目标的 CCD 坐标，还可以给我们提供许多信息。如图 4.6 所示，目标 07082 是一个轨道几乎与平台相同的目标，在一天中望远镜 32 和望远镜 11 几乎一直可见。星象轨迹多次经过 Y 轴（X=0），至少可以从中得到很准确的目标周期，中间断开是因为目标进出地影，图形的对称轴方向也应该与 sinA 有关，建议读者对此进行进一步的研究。

4）沿轨篱笆的 UCT 处理小结

实际工作时，新目标捕获可以总结为先在一个交点附近，通过判别同时过交点（X=0 时间）或同时进入地影等方法，找出属于同一目标的两个弧段；再用两个时刻的同步资料，计算目标的两个地心向量和目标的初轨，并用两个全弧段资料，进行轨道改进，得到改进根数，之后，就可认为发现了新目标；等到目标下一次过交点时，就可判别哪些数据属于这个目标，如果得到了新的数据，并和之前的改进根数实现了轨道关联（用 4.2.2 节的已知目标的轨道关联方法），就可认为是捕获了这个新目标，于是，UCT处理就成功结束了。

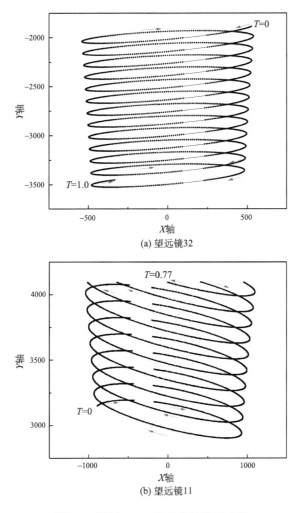

(a) 望远镜32

(b) 望远镜11

图 4.6 目标 07082 的星象轨迹示意图

可以期望：通过一个交点附近的观测发现新目标，利用两个交点的观测捕获该目标，并得到较高精度的轨道。如果不计算数据传输时间，获得两个交点的时间不到 1 h，加上数据传输时间，在 2 h 之内，捕获新目标是有希望实现的。

4.3　两种关联方法比较

由于 4.2.1 节第 1 和第 2 部分，给出了两种计算候选目标集合的方法，而轨道比对方法只有一种，因此，4.2 节实际上就有两种轨道关联方法。下面，对这两种方法进行比较。

轨道关联方法的优劣，主要考虑以下三点：

- 关联成功率；
- 关联效率；
- UCT 处理。

4.3.1　关联成功率

对于已知轨道的目标，影响关联成功率的因素如下：

- 几个目标连续出现，没有分开；
- 初选集合是否包含观测的目标信息。

显然，第一种因素是客观存在的，两种方法都一样；第二种因素，只要仔细研究，一定也可以做到。因此，两种方法的成功率应该是一样的。

4.3.2　关联效率

根据 4.2.1 节第 3 部分的分析，方法 2（交点）的关联效率是方法 1 的 20 倍，因此效率较高。

以上结论，对顺光篱笆和沿轨篱笆均成立。

以下讨论两种篱笆的差别。

4.3.3　UCT 处理

两种篱笆的主要差别是 UCT 的处理。4.1.3 节说明了 UCT 处理的主要困难，由于顺光篱笆的观测没有规律性，这些困难依然存在。另外，单平台数据的初轨计算方法，现在还碰到不收敛的困难，顺光篱笆的 UCT 处理困难较大。

但是，对于沿轨篱笆，我们可以利用同步观测来计算初轨和轨道改进，由于观测有规律（每隔半圈出现一次），我们不难找出属于同一目标的观测数据；此外，改进根数的精度较高，因此 UCT 处理困难不大。

4.4　沿轨篱笆的有预报观测

由于沿轨篱笆可以对已知轨道的目标，对所有望远镜做出准确预报 (t_i, X_i, Y_i)，于是，我们可以在观测过程中，在平台上准确判别观测的目标。

这样，就可以省去对已知轨道目标的轨道关联过程。

沿轨篱笆的轨道关联，就剩下新目标捕获的任务。其处理方法如下。

对于不是在预报位置的观测数据，计算初轨，得到比较准确的周期。

在后续观测数据中，寻找数据间隔为半个周期的数据，将它们放在一起进行轨道改进，得到准确的轨道。

这是值得一试的星上关联方法。建议在实际观测中进行试验。

当然，这种方法对预报准确性要求较高。需要注意的是：由于预报误差，在预报望远镜中没有观测到目标（特别是预报在望远镜视场边缘的目标），而该目标出现在其他望远镜中，会被误判为新目标。

对于这个"新目标"，我们不可能找到后续数据，如果不处理，这组数据将会浪费。当然，出现这种情况的概率很小，我们可以不处理，浪费这组数据，对轨道计算的影响也有限。如果不希望浪费，处理这组数据的方法也很简单：将这组数据判别为有预报而没有观测到目标的那个目标。这对于地面数据处理中心有经验的人员来说，是没有困难的。

对于顺光篱笆，有预报观测也是可以进行的，只是新目标的捕获仍然相当困难。

第5章 天基轨道改进

5.1 人造卫星轨道的根数系统

人造卫星的根数系统，按性质可分为

（1）平根数；

（2）密切根数。

人造卫星的根数系统，按参数可分为

（1）卫星的坐标和速度；

（2）开普勒根数（$a, e, i, \Omega, \omega, M$）；

（3）无 $e = 0$ 奇点的根数（$a, i, \Omega, \xi = e\sin\omega, \eta = e\cos\omega, \lambda = M + \omega$）；

（4）无 $e = 0$ 和 $i = 0$ 奇点的根数（$a, h = e\sin(\omega + \Omega)$，$k = e\cos(\omega + \Omega)$，$p = \tan(i/2)\sin\Omega, q = \tan(i/2)\cos\Omega, \lambda = M + \omega + \Omega$）。

我们选择无 $e = 0$ 奇点的平根数，为了克服大气阻力摄动计算误差，加上 $\dot{n}$，此时根数系统就是

$$a, i, \Omega, \xi = e\sin\omega, \eta = e\cos\omega, \lambda = M + \omega, \dot{n} \tag{5.1}$$

对于平根数的摄动计算，根据精度要求不同，又分为一阶理论和二阶理论。由于在空间目标编目定轨中，一般不要求很高的精度，因此建议采用一阶理论，这时，密切根数和平根数之间的换算关系为

$$\sigma = \sigma^* + \Delta\sigma_s^{(1)} + \Delta\sigma_{\text{田谐}} \tag{5.2}$$

田谐摄动也只取很少的项。

在编目定轨计算中，还要提到一种根数系统，即美国的双行根数和 SGP4 模型。关于双行根数和 SGP4 模型的详细情况，大家比较熟悉，这里不再赘述。

5.2 坐标系统及其转换

在天基定轨中，主要涉及以下 4 个坐标系。

• 天球坐标系（CRS）；

- 国际天球参考系（ICRS）；
- 天球中间坐标系（CIRS）；
- 轨道坐标系。

空间目标探测的观测数据，原来在天球坐标系中，例如 J2000.0 坐标系，天基探测的数据在 ICRS，轨道坐标系是定轨所用的坐标系，天球中间坐标系是一种坐标变换中间坐标系，国际天文学联合会给出了 ICRS 到 CIRS 的坐标变换矩阵。实际上，它与轨道坐标系等价。它们的定义请参见附录 A。

假定天文定位的观测结果为（t, α, δ），则观测方向的单位向量为

$$l_{\text{赤}} = \begin{pmatrix} \cos\delta\cos\alpha \\ \cos\delta\sin\alpha \\ \sin\delta \end{pmatrix} \tag{5.3}$$

为了进行编目定轨，必须将观测向量从国际天球参考系转换到轨道坐标系，转换关系是

$$l_{\text{轨}} = M_{\text{CIO}}(t)l_{\text{赤}} \tag{5.4}$$

式中，$M_{\text{CIO}}(t)$ 是转换矩阵，其算法和模型请参见附录 A 和附录 B，计算的 Fortran 程序，请参见附录 C。其精度可达 $0.1''$，可以满足天基探测数据处理的要求。

需要说明的是，观测时间是协调世界时（UTC），由北斗（或 GPS）授时得到，它与轨道计算定轨需要的时间——地球动力学时（TT）只差一个常数，在轨道改进时，不需要转换，只要注意在一次定轨中，不要出现闰秒就行。由于天文定位中，已经改正了周年光行差和平台光行差，时间也改正了光行时，下面的轨道改进中，无须再进行改正。

5.3 轨 道 改 进

轨道改进从初始轨道根数 t_0 和 ε_0 出发，利用观测资料，计算人造卫星更精密轨道的方法，其原理为最小二乘改进方法。

设某观测量为 $\Theta(t) = \Theta(t, \varepsilon)$，轨道改进的条件方程为

$$\Theta(t)_{\text{观测}} - \Theta(t, \varepsilon_0) = \sum_i \frac{\partial\Theta}{\partial\varepsilon_i}\Delta\varepsilon_i \tag{5.5}$$

为了保证定轨精度，必须：

（1）采用合适的力学模型和计算方法计算 $\Theta(t,\varepsilon_0)$，我们建议采用一阶理论，即 $\sigma = \sigma^* + \Delta\sigma_s^{(1)} + \Delta\sigma_{\text{田谐}}$；

（2）在 $\Theta(t)_{\text{观测}}$ 中，改正了各种观测误差，并剔除了野值。

条件方程法化后，即可计算出根数的改正量 $\Delta\varepsilon$，用其改进初始轨道，得

$$\varepsilon_0 = \varepsilon_0 + \Delta\varepsilon$$

于是，又可进行下一次改进。如此循环，直至收敛。

以下讨论轨道改进的条件方程和收敛条件。

5.3.1　轨道改进的条件方程

在天基轨道改进中，观测量 Θ 为赤经 α，赤纬 δ，它们是目标地心向量 r 和平台地心向量 R 的函数，如果只改进目标的轨道，偏导数 $\dfrac{\partial\alpha}{\partial\varepsilon}, \dfrac{\partial\delta}{\partial\varepsilon}$ 的计算方法如下：

$$\rho\cos\delta\frac{\partial\alpha}{\partial\varepsilon} = \boldsymbol{\alpha}\cdot\frac{\partial\boldsymbol{\rho}}{\partial\varepsilon} = \boldsymbol{\alpha}\cdot\frac{\partial\boldsymbol{r}}{\partial\varepsilon}$$
$$\rho\frac{\partial\delta}{\partial\varepsilon} = \boldsymbol{\delta}\cdot\frac{\partial\boldsymbol{\rho}}{\partial\varepsilon} = \boldsymbol{\delta}\cdot\frac{\partial\boldsymbol{r}}{\partial\varepsilon} \tag{5.6}$$

式中，

$$\boldsymbol{\alpha} = \begin{pmatrix} -\sin\alpha \\ \cos\alpha \\ 0 \end{pmatrix}, \quad \boldsymbol{\delta} = \begin{pmatrix} -\sin\delta\cos\alpha \\ -\sin\delta\sin\alpha \\ \cos\delta \end{pmatrix}, \tag{5.7}$$

对于无 $e=0$ 奇点根数（ $a, i, \Omega, \xi = e\sin\omega, e\cos\omega, \lambda = M + \omega$ ），有偏导数关系：

$$\Delta\boldsymbol{r} = \frac{1}{a}\left[\boldsymbol{r} - \frac{3}{2}\dot{\boldsymbol{r}}(t-t_0)\right]\Delta a + (\boldsymbol{\Omega}\times\boldsymbol{r})\Delta i + (\boldsymbol{N}\times\boldsymbol{r})\Delta\Omega + \frac{\dot{\boldsymbol{r}}}{n}\Delta\lambda$$
$$+ (\xi_1\boldsymbol{r} + \xi_2\dot{\boldsymbol{r}})\Delta\xi + (\eta_1\boldsymbol{r} + \eta_2\dot{\boldsymbol{r}})\Delta\eta + \frac{\partial\boldsymbol{r}}{\partial\dot{n}}\Delta\dot{n} \tag{5.8}$$

其中，

$$H = -\frac{a}{p}(\cos E + e), \quad K = \frac{p+r}{np}\sin E$$

$$I = -\frac{1}{\sqrt{1-e^2}}\sin E, \quad J = \frac{1}{n\sqrt{1-e^2}}\left(\frac{e}{1+\sqrt{1-e^2}} - 2\cos E + e\cos^2 E\right)$$

$$\xi_1 = H\sin\omega + I\cos\omega = -\frac{1}{1-e^2}\left(\sin\tilde{u} - \frac{\eta e\sin E}{1+\sqrt{1-e^2}} + \xi\right)$$

$$\eta_1 = H\cos\omega - I\sin\omega = -\frac{1}{1-e^2}\left(\cos\tilde{u} + \frac{\xi e\sin E}{1+\sqrt{1-e^2}} + \eta\right) \quad (5.9)$$

$$\xi_2 = K\sin\omega + J\cos\omega$$

$$= \frac{2-e\cos E}{n(1-e^2)}\left(-\cos\tilde{u} + \frac{e\eta\cos E}{1+\sqrt{1-e^2}}\right) - \frac{\xi e\sin E}{n(1-e^2)} + \frac{1}{n\sqrt{1-e^2}}\frac{\eta}{1+\sqrt{1-e^2}}$$

$$\eta_2 = K\cos\omega - J\sin\omega$$

$$= \frac{2-e\cos E}{n(1-e^2)}\left(\sin\tilde{u} - \frac{e\xi\cos E}{1+\sqrt{1-e^2}}\right) - \frac{e\sin E\eta}{n(1-e^2)} - \frac{1}{n\sqrt{1-e^2}}\frac{\xi}{1+\sqrt{1-e^2}}$$

$$\frac{\partial \boldsymbol{r}}{\partial \dot{n}} = -\frac{2\boldsymbol{r}}{3n}(t-t_0) + \frac{\dot{\boldsymbol{r}}}{2n}(t-t_0)^2$$

式中，$a, i, \Omega, e, \omega, M$ 为目标的开普勒根数；n 为平运动；E 为偏近点角；$p = a(1-e)$；$\tilde{u} = E + \omega$。

于是，轨道改进的条件方程（每个资料两个）就是：

$$\cos\delta\Delta\alpha = \frac{\alpha}{\rho}\cdot\left\{\frac{1}{a}\left[\boldsymbol{r} - \frac{3}{2}\dot{\boldsymbol{r}}(t-t_0)\right]\Delta a + (\boldsymbol{\Omega}\times\boldsymbol{r})\Delta i + (\boldsymbol{N}\times\boldsymbol{r})\Delta\Omega\right.$$

$$\left. + \frac{\dot{\boldsymbol{r}}}{n}\Delta\lambda + (\xi_1\boldsymbol{r} + \xi_2\dot{\boldsymbol{r}})\Delta\xi + (\eta_1\boldsymbol{r} + \eta_2\dot{\boldsymbol{r}})\Delta\eta + \frac{\partial\boldsymbol{r}}{\partial\dot{n}}\Delta\dot{n}\right\}$$

$$\Delta\delta = \frac{\delta}{\rho}\cdot\left\{\frac{1}{a}\left[\boldsymbol{r} - \frac{3}{2}\dot{\boldsymbol{r}}(t-t_0)\right]\Delta a + (\boldsymbol{\Omega}\times\boldsymbol{r})\Delta i + (\boldsymbol{N}\times\boldsymbol{r})\Delta\Omega\right. \quad (5.10)$$

$$\left. + \frac{\dot{\boldsymbol{r}}}{n}\Delta\lambda + (\xi_1\boldsymbol{r} + \xi_2\dot{\boldsymbol{r}})\Delta\xi + (\eta_1\boldsymbol{r} + \eta_2\dot{\boldsymbol{r}})\Delta\eta + \frac{\partial\boldsymbol{r}}{\partial\dot{n}}\Delta\dot{n}\right\}$$

所有条件方程法化，解法方程，即得根数改正量：

$$\Delta\varepsilon = \left[\sum_{i=1}^{N}(\boldsymbol{A}^{\mathrm{T}}\boldsymbol{P}^{-1}\boldsymbol{A})^{-1}[\sum_{i=1}^{N}\boldsymbol{A}^{\mathrm{T}}\boldsymbol{P}^{-1}(\Theta_i - \Theta_i^*)]\right] \quad (5.11)$$

式中，$A(\varepsilon_0, t_i)$ 为观测计算量 $\Theta(\varepsilon_0, t_i)$ 对 ε_0 的偏导数矩阵，为 2×7 矩阵；$\boldsymbol{P}$ 为权矩阵，如果等权处理，$\boldsymbol{P}$ 就是 2×2 单位矩阵。天基定轨是否要加权，要看图像处理的结果。

轨道改进的单位权中误差为

$$\sigma = \sum_i\left[\frac{\Theta_o(t_i)\quad\Theta_c(t_i,\varepsilon_0)}{N-k}\right] \quad (5.12)$$

式中，$\Theta_o(t_i)$ 为观测量；$\Theta_c(t_i,\varepsilon_0)$ 为计算量；N 为条件方程个数；k 为未知数个数。

轨道根数的误差矩阵为

$$B = \left[\sum_{i=1}^{N} A^{\mathrm{T}} P^{-1} A \right]^{-1} \times o^2 \qquad (5.13)$$

5.3.2　轨道改进的收敛条件

将所有条件方程法化,形成法方程并解之,就可得到根数的改正量 $\Delta\varepsilon$,改进初始根数,得

$$\varepsilon_0 = \varepsilon_0 + \Delta\varepsilon$$

形成新的条件方程,再进行改进轨道,直至收敛。为了防止假收敛,在轨道改进中,有以下 3 个收敛条件。

(1)迭代次数大于 3;

(2)改正量收敛,即 $\left|\Delta\varepsilon_i\right| < \delta_i$,其中, δ_i 为各根数的收敛门限,与数据的精度有关;

(3)中误差收敛,即 $\dfrac{\left|\sigma_{n+1} - \sigma_n\right|}{\sigma_n} \leqslant 0.01$,其中, σ_n 和 σ_{n+1} 分别为第 n 次和第 $n+1$ 次迭代的中误差。

当然,在轨道改进中,需要剔除野值,也可以根据数据情况进行加权,还可以利用各种稳健估计的方法。这里就不重复说明了。

轨道改进的结果是得到一组改进根数及它的误差矩阵[式(5.13)]。

5.4　模拟计算估计定轨精度

5.4.1　模拟计算方法

式(5.13)只是根据误差理论得到的轨道根数的误差估计,许多人认为不直观,对它不太信任,希望得到更直观的轨道测定的误差。

这可以从模拟计算得到,具体步骤如下。

(1)模拟资料。利用正确的轨道,选择一个动力学模型(模型 1),计算 $r_{目标}$ 和 $r_{平台}$;根据平台的测轨情况, $r_{平台}$ 加随机误差,计算观测资料(t, α, δ);根据观测设备的具体情况,利用正态分布的随机数, α 和 δ 加观测随机误差,得到模拟资料,作为轨道改进的观测资料。

(2)模拟轨道改进,星历表计算采用合适的动力学模型(模型 2),得到改进轨道和式(5.13)的误差估计。

（3）进行全轨道比较。利用正确轨道和模拟改进的轨道，计算目标的全球分布的地心位置 $\boldsymbol{r}_{正确}$ 和 $\boldsymbol{r}_{模拟}$，计算它们的差别 $\left|\boldsymbol{r}_{正确}-\boldsymbol{r}_{模拟}\right|$。

（4）这种模拟轨道改进，需要进行 N 次，统计 $\left|\boldsymbol{r}_{正确}-\boldsymbol{r}_{模拟}\right|$ 得到中误差 $\sigma_{\Delta r}$，作为天基定轨的误差估计。如果需要还可以将 $\boldsymbol{r}_{正确}-\boldsymbol{r}_{模拟}$ 投影到 R（径向）、N（法向）和 T（沿迹法向），统计得到 $\sigma_{\Delta R}$、$\sigma_{\Delta N}$ 和 $\sigma_{\Delta T}$。

这种估计，当然比式（5.13）的估计要合理一些，也更直观。需要说明的是：

·在模拟计算中，一般模型 1 和模型 2 是相同的，如果不同，我们的模拟计算结果就加上了动力学模型差；

·现在平台位置可以利用北斗或 GPS 等系统测定，一般精度可以优于 1 m，可以不考虑平台的位置误差，即使需要考虑，也可以采用适当增加观测误差的方法解决，以便简化模拟计算的流程。

5.4.2　沿轨篱笆定轨精度估计

下面采用模拟计算方法，对沿轨篱笆的定轨精度进行评估。在模拟计算时，模型 1 为精密定轨模型，模型 2 为一阶半分析方法。观测数据赤经、赤纬各加 5″随机误差、平台 RTN 方向各加 10 m 随机误差，模拟计算的精度估计如图 5.1 所示。

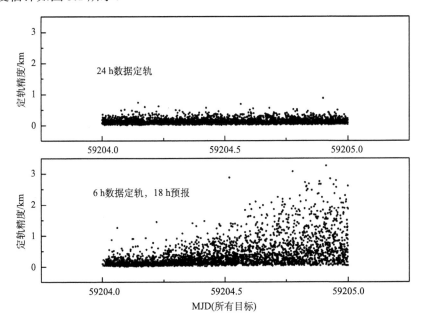

图 5.1　24 h 内的定轨精度估计

　　从图 5.1 可见，24 h 数据定轨的位置误差 $\sigma_{\Delta r}$，除一个近地点高度为 190.5 km 的目标外，均小于 1 km。6 h 数据定轨：在 6 h 之内，位置误差 $\sigma_{\Delta r}$ 也小于 1 km。到 24 h，位置（预报）误差 $\sigma_{\Delta r}$ 为 3 km 左右。

　　总之，沿轨篱笆的 24 h 和 6 h 的定轨精度可以满足编目定轨和新目标捕获的要求。

　　图 5.2 分析了 24 h 定轨和 6 h 定轨精度与定轨弧段数的关系。由图 5.2 可见：它们之间的差别是由观测弧段数不同引起的。弧段数低于 25 的定轨精度较低。

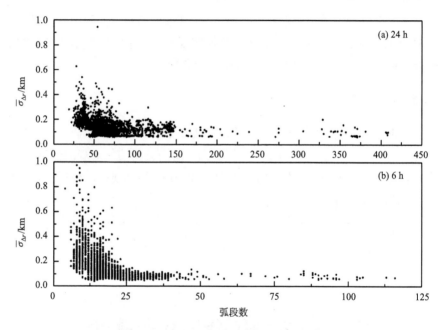

图 5.2　24 h 和 6 h 定轨精度与弧段数的关系

5.4.3　顺光篱笆与沿轨篱笆定轨精度比较

　　顺光篱笆的精度估计方法与沿轨篱笆相同，比较结果如图 5.3 所示。

　　沿轨篱笆定轨统计结果：4640 个目标有观测数据，4640 个目标均可定轨，4639 个目标位置误差小于 1 km，1 个目标位置误差大于 1 km。

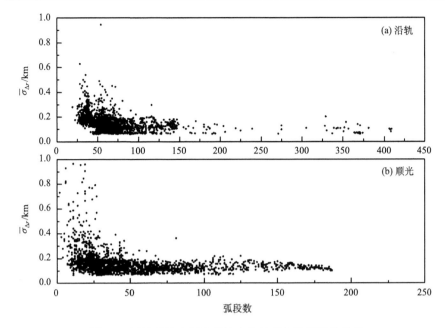

图 5.3　沿轨篱笆和顺光篱笆定轨精度与弧段数的关系

　　顺光篱笆定轨统计结果：4394 个目标有观测数据，4369 个目标可定轨，4298 个目标位置误差小于 1 km，71 个目标位置误差大于 1 km。可定轨目标的定轨精度，也基本可以满足 1 km 定轨精度的要求。与沿轨篱笆相比，定轨精度的差别，也是因为观测弧段数不同。弧段数低于 25 的定轨精度较低。

　　显然，沿轨篱笆的定轨精度优于顺光篱笆。

5.5　最佳定轨精度估计

5.5.1　最佳定轨精度估计方法

　　分析上面模拟计算中误差估计的结果，我们发现，每次模拟的式（5.13）的误差估计是不同的，这是观测数据和模拟改进轨道有误差引起的。

　　在模拟改进时，正确轨道是已知的，因此可以利用正确轨道计算式（5.13），得到更合理的误差估计。这时，观测数据的中误差也不用随机数统计得到，而是根据观测设备的误差估计得到。

　　如果需要计算 t 时刻 r 的误差估计，计算方法如下：

$$D = C \times B \times C^{\mathrm{T}} \tag{5.14}$$

式中，C 为 r 对 ε_0 的偏导数矩阵，

$$B = \left[\sum_{i=1}^{N} A^{\mathrm{T}} P^{-1} A \right]^{-1} \times o^2$$

于是，矩阵 D 的对角线元素之和，就是 t 时刻 r 的方差 o_r^2。对于任一时刻 t 均可得到 o_r^2。

这种估计只与观测数据的分布和观测误差有关，正是我们需要的结果。

当然，这种估计的精度较高，一般达不到这个精度，只能无穷趋近这个精度，因此称为最佳精度。

5.5.2　两种误差估计的比较

最佳定轨精度方法：假定 σ 取值为 $5''$，D 矩阵按式（5.14）计算，每分钟计算一个计算 D 矩阵，每分钟的位置误差 $\sigma_{\Delta r}$ 为

$$\sigma_{\Delta r} = \sqrt{D(1,1)^2 + D(2,2)^2 + D(3,3)^2} \tag{5.15}$$

数值仿真误差（5.4.1 节方法），计算中，无模型差，平台无误差，赤经、赤纬为 $5''$ 随机误差，模型 1 和模型 2 均采用一阶理论半分析半数值方法，定轨 10 次，生成每分钟一个点的全天位置星历，与仿真产生的理论位置星历比较，10 次定轨可得到每分钟的位置误差 $\sigma_{\Delta r}$。

下面先对 6 个目标的精度估计进行比较，这些目标的轨道数据如表 5.1 所示。

表 5.1　目标的轨道数据

编号	周期/min	倾角/(°)	近地点/km	远地点/km	N/（圈/d）	总弧长/s	轨道面夹角 A/(°)
00741	108.8	81.4	1033	1302	13.23	2887.5	178.8
00022	96.2	50.2	490	673	14.95	148.9	126.1
00050	117.9	47.2	1501	1685	12.20	218.2	92.0
00716	97.9	58.4	644	678	14.69	147.9	66.9
25043	100.3	86.3	758	777	14.36	329.2	25.0
07082	114.3	101.8	1400.	1443	12.59	2341.6	2.9

图 5.4～图 5.9 给出了表 5.1 中目标的精度估计（单位为 km）的比较。

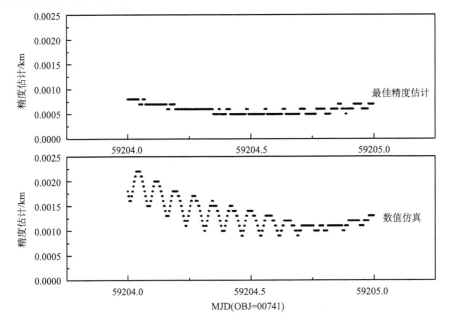

图 5.4　目标 00741 的精度估计比较

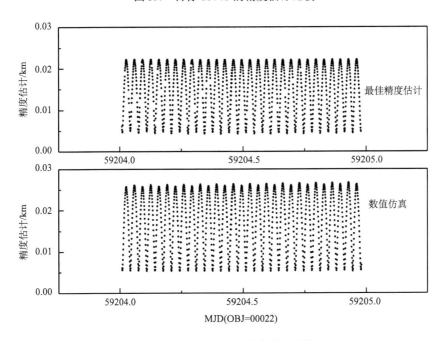

图 5.5　目标 00022 的精度估计比较

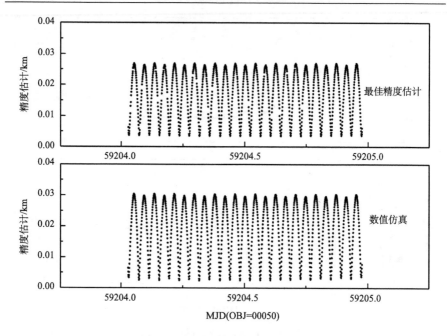

图 5.6　目标 00050 的精度估计比较

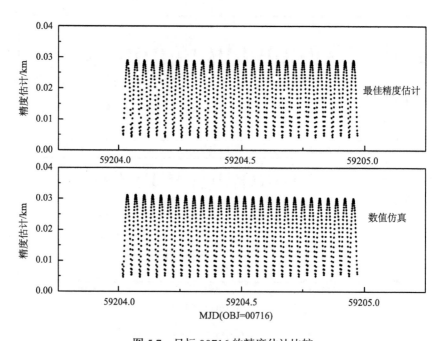

图 5.7　目标 00716 的精度估计比较

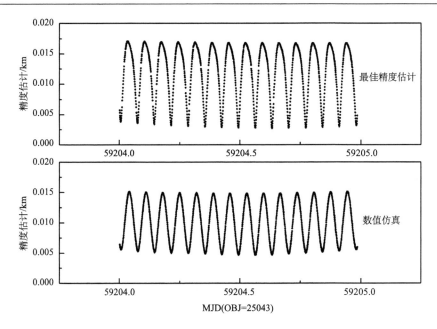

图 5.8　目标 25043 的精度估计比较

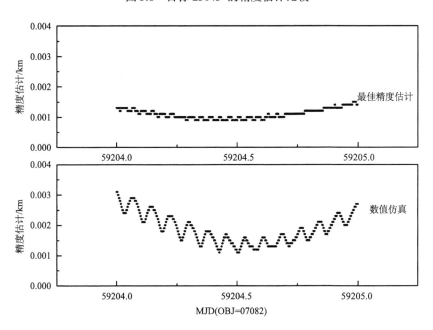

图 5.9　目标 07082 的精度估计比较

由图 5.4～图 5.9 可得出：

（1）$\sin A$ 较小的目标（00741 和 07082）的精度估计明显优于其他目标，

原因是这些目标给出的弧长较长，观测数据较多。

（2）精度估计有明显的波动，波谷对应于有观测的时段，波峰对应于没有观测的时段。

（3）两种估计结果，由于观测数据的分布和弧长不同，有一些差异，但是可以认为在合理的范围之内。

将 4640 个目标的精度估计图叠加在一起，可以得到位置精度估计的分布图，如图 5.10 所示。

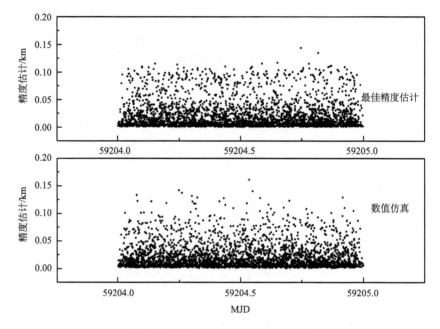

图 5.10　一天内定轨精度估计比较

由此可见，两种误差估计差不多，这不仅说明我们的轨道改进方法达到了较高的精度，而且也可以说明利用最佳精度估计方法可以代替模拟计算结果，这样可以节省模拟计算的时间。当然，如果需要加模型差，最佳精度估计方法，由于计算模型对轨道根数偏导数的困难，无法实现。

5.6　天基轨道改进的联合定轨

在实际工作中，天基观测数据不仅是目标轨道的函数，也与平台轨道有关。由于平台轨道也有误差，为了得到更好的目标轨道，需要在改进目

标轨道的同时，改进平台的轨道。这时，偏导数的表达式为

$$\rho\cos\delta\frac{\partial\alpha}{\partial\varepsilon}=\boldsymbol{\alpha}\cdot\frac{\partial\boldsymbol{\rho}}{\partial\varepsilon}=\boldsymbol{\alpha}\cdot\frac{\partial\boldsymbol{r}}{\partial\varepsilon}-\boldsymbol{\alpha}\cdot\frac{\partial\boldsymbol{R}}{\partial\varepsilon_1}$$

$$\rho\frac{\partial\delta}{\partial\varepsilon}=\boldsymbol{\delta}\cdot\frac{\partial\boldsymbol{\rho}}{\partial\varepsilon}=\boldsymbol{\delta}\cdot\frac{\partial\boldsymbol{r}}{\partial\varepsilon}-\boldsymbol{\delta}\cdot\frac{\partial\boldsymbol{R}}{\partial\varepsilon_1}$$

（5.16）

条件方程为

$$
\begin{aligned}
\cos\delta\Delta\alpha=&\frac{\boldsymbol{\alpha}}{\rho}\cdot\left\{\frac{1}{a}\left[\boldsymbol{r}-\frac{3}{2}\dot{\boldsymbol{r}}(t-t_0)\right]\Delta a+(\boldsymbol{\Omega}\times\boldsymbol{r})\Delta i+(\boldsymbol{N}\times\boldsymbol{r})\Delta\Omega\right.\\
&\left.+\frac{\dot{\boldsymbol{r}}}{n}\Delta\lambda+(\xi_1\boldsymbol{r}+\xi_2\dot{\boldsymbol{r}})\Delta\xi+(\eta_1\boldsymbol{r}+\eta_2\dot{\boldsymbol{r}})\Delta\eta+\frac{\partial\boldsymbol{r}}{\partial\dot{n}}\Delta\dot{n}\right\}\\
&-\frac{\boldsymbol{\alpha}}{\rho}\cdot\left\{\frac{1}{a}\left[\boldsymbol{R}-\frac{3}{2}\dot{\boldsymbol{R}}(t-t_0)\right]\Delta a_1+(\boldsymbol{\Omega}_1\times\boldsymbol{R})\Delta i_1+(\boldsymbol{N}_1\times\boldsymbol{R})\Delta\Omega_1\right.\\
&\left.+\frac{\dot{\boldsymbol{R}}}{n}\Delta\lambda_1+(\xi_1'\boldsymbol{R}+\xi_2'\dot{\boldsymbol{R}})\Delta\xi_1+(\eta_1'\boldsymbol{R}+\eta_2'\dot{\boldsymbol{R}})\Delta\eta_1+\frac{\partial\boldsymbol{R}}{\partial\dot{n}}\Delta\dot{n}_1\right\}\\
\Delta\delta=&\frac{\boldsymbol{\delta}}{\rho}\cdot\left\{\frac{1}{a}\left[\boldsymbol{r}-\frac{3}{2}\dot{\boldsymbol{r}}(t-t_0)\right]\Delta a+(\boldsymbol{\Omega}\times\boldsymbol{r})\Delta i+(\boldsymbol{N}\times\boldsymbol{r})\Delta\Omega\right.\\
&\left.+\frac{\dot{\boldsymbol{r}}}{n}\Delta\lambda+(\xi_1\boldsymbol{r}+\xi_2\dot{\boldsymbol{r}})\Delta\xi+(\eta_1\boldsymbol{r}+\eta_2\dot{\boldsymbol{r}})\Delta\eta+\frac{\partial\boldsymbol{r}}{\partial\dot{n}}\Delta\dot{n}\right\}\\
&-\frac{\boldsymbol{\delta}}{\rho}\cdot\left\{\frac{1}{a}\left[\boldsymbol{R}-\frac{3}{2}\dot{\boldsymbol{R}}(t-t_0)\right]\Delta a_1+(\boldsymbol{\Omega}_1\times\boldsymbol{R})\Delta i_1+(\boldsymbol{N}_1\times\boldsymbol{R})\Delta\Omega_1\right.\\
&\left.+\frac{\dot{\boldsymbol{R}}}{n}\Delta\lambda_1+(\xi_1'\boldsymbol{R}+\xi_2'\dot{\boldsymbol{R}})\Delta\xi_1+(\eta_1'\boldsymbol{R}+\eta_2'\dot{\boldsymbol{R}})\Delta\eta_1+\frac{\partial\boldsymbol{R}}{\partial\dot{n}}\Delta\dot{n}_1\right\}
\end{aligned}
$$

（5.17）

式中，有根数下标 1 或其他有撇的量是与平台有关的量，它们的表达式与目标有关量的表达式相同。

　　一个条件方程，与目标轨道和一个平台轨道有关，但是，法方程将与所有观测平台轨道有关。这时，未知数的个数就是（$N+1$）×7 个。

　　在轨道改进中，解出轨道改正量后，可以只改进目标轨道，不改进平台轨道，轨道改进收敛后，同样可以得到改进的目标轨道和误差估计。当然，我们可以对平台轨道适当加权。

　　根据我们的经验，这样得到的目标轨道精度更高。

　　需要说明的是：一次改进，不一定所有平台均进行了观测，这时，法方程可能是奇异的，需要进行处理。

第6章　天基篱笆近期改进

第3章中我们研究的天基篱笆，望远镜只有20 cm，能探测的空间目标的大小，也只有20多 cm，显然还不尽如人意。我们希望观测到更小的目标，但是由于受到现有条件的制约，根据当前望远镜的研制水平，我们很难制造更大的望远镜。

6.1　天基探测的主要困难

空间目标的探测，不仅需要大口径的望远镜，而且需要大视场的望远镜。而望远镜口径大了，焦距就会增加，同样大小的 CCD，视场就要缩小。这是制约空间目标探测望远镜发展的主要困难。

受望远镜口径的限制，天基篱笆就看不到更小的空间目标。

6.2　克服困难的方法

1. 扩大 CCD 的面阵和像元尺寸

现在 CCD 的面阵大致是 6~8 cm。因此，如果我们希望得到 20°×20°的视场，望远镜口径就只能小于 20 cm。

如果我们研制出 12 cm 的 CCD，望远镜口径就可以扩大到 30 cm。探测空间目标时，就可看到 14 cm 的空间目标。

我们请教了研制 CCD 的专家，他们认为，研制 12 cm 的 CCD 是可能的，现在 CCD 的晶元大致为 9 in[①]，一块晶元做一块 CCD，其面阵可以达到 15.9 cm，因此，得到较大的 CCD 面阵是有可能的。专家希望我们尽早提出需求，以便他们进行设计研制。

同样，为了提高望远镜的探测能力,CCD 像元应尽量大一些,对于 40 cm 的望远镜，像元可以扩大到 40 μm；对于 1.2 m 的望远镜，像元扩大到 60 μm，

---

① 1in=2.54 cm。

也能保证观测数据的精度。

2. 缩短望远镜的焦距

现在，望远镜焦比只能做到 1.2，如果可以缩小到 1，对于同样的 CCD，就可得到较大的视场，这样就可以延长曝光时间，或者可以扩大望远镜口径。这两种方法均可以提高望远镜的探测能力。

3. 降低空间目标探测的信噪比门限

现在，提取动目标的信噪比门限大致为 3～4。实际上，在事后处理时，信噪比为 1 的目标也能提取出来，因此，将降低信噪比的近期目标定为 2.5 是完全可能的。

6.3　改进后的天基篱笆

如果以上提高望远镜探测能力的研究均能完成，我们就可以得到：口径 40 cm、焦距 40 cm 的望远镜，CCD 面阵为 12 cm，像元大小为 40 μm，动目标提取门限为 2.5，则 8 平台沿轨篱笆的探测能力如表 6.1 所示，12 平台沿轨篱笆的探测能力如表 6.2 所示。

表 6.1　改进后 8 平台沿轨篱笆的探测能力　　　　（单位：cm）

$\theta/(°)$	目标高度/km											
	200	300	400	500	600	700	800	900	1000	1200	1400	1500
22.50	0.0	8.8	8.7	8.7	8.7	8.6	8.6	8.3	8.3	8.3	8.4	8.5
24.75	9.1	9.1	9.1	9.0	9.0	9.0	9.0	9.0	9.1	9.1	8.8	8.9
27.00	9.8	9.8	9.8	9.8	9.8	9.8	9.4	9.4	9.4	9.5	9.6	9.7
29.25	10.6	10.1	10.1	10.1	10.1	10.1	10.1	10.1	10.2	10.3	9.9	10.0
31.50	10.8	10.8	10.8	10.8	10.8	10.8	10.8	10.9	10.4	10.5	10.7	10.7
33.75	11.4	11.5	11.5	11.5	11.0	11.0	11.1	11.1	11.2	11.3	11.4	11.5
36.00	11.6	11.6	11.6	11.6	11.7	11.7	11.8	11.8	11.9	12.0	11.6	11.7
38.25	12.2	12.3	12.3	12.3	12.4	12.4	12.5	12.5	12.0	12.1	12.3	12.4
40.50	12.9	12.9	12.9	13.0	13.0	12.5	12.6	12.7	12.8	13.0	13.1
42.75	13.5	13.6	13.0	13.0	13.1	13.2	13.2	13.3	13.4	13.5	13.1	13.1
45.00	0.0	13.6	13.6	13.7	13.7	13.8	13.9	13.9	14.0	13.5	13.7	13.8

表 6.2　改进后 12 平台沿轨篱笆的探测能力　　　（单位：cm）

$\theta/(°)$	目标高度/km											
	200	300	400	500	600	700	800	900	1000	1200	1400	1500
15.00	6.1	6.0	6.0	5.8	5.8	5.8	5.9	6.0	6.1	6.3	6.3	6.4
16.50	6.3	6.3	6.3	6.3	6.4	6.4	6.2	6.3	6.4	6.6	6.8	7.0
18.00	6.9	6.9	6.6	6.6	6.6	6.7	6.8	6.8	6.9	6.8	7.1	7.2
19.50	7.1	7.1	7.1	7.1	7.2	7.2	7.0	7.1	7.1	7.3	7.6	7.7
21.00	7.6	7.6	7.7	7.3	7.4	7.4	7.5	7.6	7.7	7.9	7.7	7.9
22.50	7.8	7.8	7.8	7.9	7.9	8.0	8.0	8.1	7.8	8.0	8.3	8.4
24.00	8.3	8.3	8.3	8.4	8.4	8.1	8.2	8.3	8.3	8.5	8.8	8.5
25.50	8.8	8.8	8.4	8.5	8.5	8.6	8.7	8.8	8.8	8.6	8.8	9.0
27.00	8.9	8.9	8.9	9.0	9.0	9.1	9.2	8.8	8.9	9.1	9.3	9.5
28.50	9.3	9.4	9.4	9.5	9.5	9.2	9.2	9.3	9.4	9.6	9.8	9.5
30.00	9.8	9.8	9.9	9.5	9.6	9.6	9.7	9.8	9.9	10.1	9.8	10.0

由此可见，探测 10 cm 大小的空间目标已经可以达到了。

参 考 文 献

[1] NASA. www.celestrak.com[EB/OL]. [2021-02-25].

[2] Harrison D C, Chow J C. The space-based visible sensor[J]. Johns Hopkins APL Technical Digest, 1996, 17(2): 226-236.

[3] Stokes G H, von Braun C, Sridharan R, et al. The space-based visible program[J]. Lincoln Laboratory Journal, 1998, 11(2): 205-238.

[4] Sharma J, Stokes G H, von Braun C, et al. Toward operational space-based space surveillance[J]. Lincoln Laboratory Journal, 2002, 13(2): 309-334.

[5] Flohrer T, Peltonen J, Kramer A, et al. Space-based optical observations of space debris[C]. Proceedings of the Fourth European Conference on Space Debris, Münster, 2005.

[6] 吴连大, 熊建宁, 牛照东. 空间目标的天基探测[M]. 北京: 科学出版社, 2017.

[7] Flohrer T, Krag H, Klinkrad H, et al. Feasibility of performing space surveillance tasks with a proposed space-based optical architecture[J]. Advances in Space Research, 2011, 47: 1029-1042.

[8] Morris K, Rice C, Wolfson M. CubeSat integration into the space situational awareness architecture[C]. Advanced Maui Optical and Space Surveillance Conference, Hawaii, 2013.

[9] Morris K, Rice C, Little E. Relative cost and performance comparison of GEO space situational awareness architectures[C]. Advanced Maui Optical and Space Surveillance Conference, Hawaii, 2014.

[10] The Boeing Company. Space Based Space Surveillance: Revolutionizing Space Awareness[EB/OL]. [2016-08-20].

[11] SBSS(Space-Based Surveillance System). http://www.boeing.com/assets/pdf/defensespace/space/satellite/MissionBook.pdf[EB/OL]. [2020-06-26].

[12] 吴连大. 人造卫星与空间碎片的轨道和探测[M]. 北京: 中国科学技术出版社, 2011.

[13] SOFA 工作组. SOFA Astronomy Library[EB/OL]. 2006.

[14] IAU Standards of Fundamental Astronomy. SOFA Tools for Earth Attitude. 2007. http://www.iau-sofa.rl.ac.uk/[EB/OL].

附录 A　坐标变化矩阵

1991 年国际天文学联合会（IAU）第 21 届全会到 2006 年 IAU 第 26 届全会，通过了一系列决议（以下简称决议），有关时间和坐标的基本概念[1,2]及与坐标系变换有关的岁差、章动模型和地球自转角的计算，都发生了较大的变化[3,4]。

为了适应这种情况，下面介绍天基探测数据的坐标转换的方法。

1. 天基探测涉及的坐标系

1）天球坐标系（CRS）

该坐标系的基本平面和 X 轴方向如下。

（1）基本平面：历元平赤道面；

（2）X 轴方向：历元春分点。

现在常用的历元是 2000.0，因此称为 $(CRS)_{J2000.0}$，或称 J2000.0 坐标系。天体方向和历元平赤道面之间的角距称赤纬 δ，天体方向在历元平赤道面投影点与历元平春分点之间的夹角称赤经 α。

传统的恒星星表位置，在天球坐标系中表达，过去天文定位的结果属于该坐标系。

2）国际天球参考系（ICRS）

国际天球参考系（ICRS）[1-7]由数百个河外星系的位置定义，它与地球的极、赤道和黄道均无关，是"空固坐标系"。根据坐标系的原点不同，有两个"空固坐标系"：太阳系质心天球坐标系（BCRS）和地心天球坐标系（GCRS）。

对于 ICRS，是与时间是没有关系的，因此，也没有历元。在实施时，它与 J2000.0 的天球坐标系十分接近。三个方向的偏置为

$$d\alpha_0 = (-0.01460 \pm 0.00050)''$$

$$\xi_0 = (-0.0166170 \pm 0.0000100)''$$

$$\eta_0 = (-0.0068192 \pm 0.0000100)''$$

式中，$d\alpha_0$ 为历元春分点的赤经补偿；ξ_0 和 η_0 为历元时刻的天极补偿。这

些量的数值由甚长基线干涉测量（VLBI）得到。

由 ICRS 变换到 J2000.0 天球参考系的坐标转换矩阵为

$$(CRS)_{J2000.0} = \boldsymbol{B}(ICRS)$$
$$\boldsymbol{B} = R_1(-\eta_0)R_2(\xi_0)R_3(d\alpha_0)$$

依巴谷星表是 ICRS 在光学波段的具体实现。当然，由于依巴谷星表的历元是 1991.25，因此，如果要将依巴谷星表作为 ICRS，还要对每个星改正自行。

3）天球中间坐标系（CIRS）

该坐标系与过去的瞬时真赤道坐标系类似，它由天球中间极（CIP）和国际协议原点（CIO，决议开始时称为天文历书原点 CEO，2006 年 IAU 第 26 届全会改称为 CIO）所定义[3-6]。

CIP 与过去的天球历书极（CEP）类似，它们之间的差别只有几十微角秒。它的来源是极移和章动的分离方法不同。

国际协议原点（CIO）是天球中间极定义的赤经原点，根据定义，它没有赤道运动分量。CIO 在 ICRS 中的赤经为 s。

当然，经典的瞬时平春分点平赤道、瞬时真春分点真赤道的坐标系仍然保留。因此，CIRS 有多种基准。我们定义：

（1）以 CIP 为极、CIO 为经度原点的坐标系，为 $(CIRS)_{CIO}$。

（2）以 CIP 为极、瞬时真春分点为经度原点的坐标系，为 $(CIRS)_{EQU}$。

从 CIO 到瞬时真春分点的角距称为原点差（eqution of origin，EO）。

4）轨道坐标系

轨道坐标系是一种人造卫星定轨专用的坐标系，该坐标系的基本平面和 X 轴方向如下。

（1）基本平面：瞬时真赤道平面；

（2）X 轴方向：瞬时真春分点以东 $\mu+\Delta\mu$ 的地方（历元平春分点）。其中，μ 为赤经总岁差；$\Delta\mu$ 为赤经章动。

以上定义并没有实现轨道坐标系在经度方向无旋转，要实现无旋转，应将 $\mu+\Delta\mu$ 改为 $\mu+\Delta\mu-s$ [3]。由于还有一些附加项不好处理，因此，我们建议将轨道坐标系定义为

（1）基本平面：瞬时真赤道平面，即 Z 轴指向 CIP；

（2）X 轴方向：瞬时真春分点以东 $-EO = GST - \theta$ 的地方，即 CIO。其中，EO 为原点差；GST 为格林尼治真恒星时；θ 为地球自转角。

根据这样的定义，轨道坐标系和天球中间坐标系(CIRS)$_{CIO}$就完全相同。

该坐标系的优点如下：

（1）地球引力场基本不变；

（2）坐标系运动引起的附加摄动较小；

（3）恒星时即恒星角，计算较简单。

卫星的轨道根数，特别是国内常用的平根数在轨道坐标系中表达。轨道升交点经度Ω是该坐标系经度原点（CIO）起量的。

2. 观测向量的坐标变换

天基观测数据(t,α,δ)使用依巴谷星表，属于国际天球参考系。定义为

$$l_{GCRS} = \begin{pmatrix} \cos\delta\cos\alpha \\ \cos\delta\sin\alpha \\ \sin\delta \end{pmatrix} \tag{A1}$$

为了进行定轨，需要将它转换到轨道坐标系，转换公式为

$$l_{CIRS} = M_{CIO}(t)l_{GCRS} \tag{A2}$$

式中，$M_{CIO}(t)$为转换矩阵。

1）坐标系之间的关系

各种坐标系之间的关系如图A1所示。

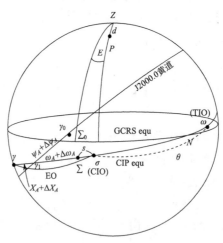

图A1　坐标系基准点关系

Σ_0 GCRS 的原点；σ: CIO 原点；ω: TIO 原点；N: CIP 赤道在 GCRS 上的升交点；Σ: CIP 赤道上的点，

$\Sigma N = \Sigma_0 N$；γ_0: J2000.0 的春分点；γ: 瞬时平春分点；γ_1: J2000.0 黄道在 CIP 赤道上的升交点；$\theta = \omega\bar{\sigma}$；

EO$= \sigma\gamma$；P: 瞬时天极（CIP）；Z: GCRS 的 Z 轴

我们需要研究 GCRS 到 CIRS 的坐标转换。

2）转换矩阵 $\boldsymbol{M}_{\mathrm{CIO}}(t)$

天极 P 在 GCRS 中的单位向量的三个分量为

$$X = \sin d \cos E, \quad Y = \sin d \sin E, \quad Z = \cos d \tag{A3}$$

$\boldsymbol{M}_{\mathrm{CIO}}$ 矩阵可展开为

$$\boldsymbol{M}_{\mathrm{CIO}} = R_3(-E-s)R_2(d)R_3(E)$$

$$= \begin{pmatrix} \cos(E+s) & -\sin(E+s) & 0 \\ \sin(E+s) & \cos(E+s) & 0 \\ 0 & 0 & 1 \end{pmatrix} \begin{pmatrix} \cos d & 0 & -\sin d \\ 0 & 1 & 0 \\ \sin d & 0 & \cos d \end{pmatrix} \begin{pmatrix} \cos E & \sin E & 0 \\ -\sin E & \cos E & 0 \\ 0 & 0 & 1 \end{pmatrix}$$

$$= \begin{pmatrix} \cos(E+s)\cos d \cos E & \cos(E+s)\cos d \sin E & \\ +\sin(E+s)\sin E & -\sin(E+s)\cos E & -\cos(E+s)\sin d \\ \sin(E+s)\cos d \cos E & \sin(E+s)\cos d \sin E & \\ -\cos(E+s)\sin E & +\cos(E+s)\cos E & -\sin(E+s)\sin d \\ \sin d \cos E & \sin d \sin E & \cos d \end{pmatrix}$$

$$= \begin{pmatrix} \cos s + aX(Y\sin s - X\cos s) & -\sin s + aY(Y\sin s - X\cos s) & -\cos s X + \sin s Y \\ \sin s - aX(Y\cos s + X\sin s) & \cos s - aY(Y\cos s + X\sin s) & -\sin s X - \cos s Y \\ X & Y & Z \end{pmatrix}$$

$$\tag{A4}$$

式中，$a = 1/(1+Z)$，$Z = (1 - X^2 - Y^2)^{1/2}$。

由此可见，如果我们给定了 X、Y 和 s，即可计算转换矩阵 $\boldsymbol{M}_{\mathrm{CIO}}(t)$。

国际天文学联合会给出了 X,Y 和 $s+XY/2$ 的级数表达式，有了 X 和 Y，在 $s+XY/2$ 中减去 $XY/2$，就可得到 s。于是，就可计算 $\boldsymbol{M}_{\mathrm{CIO}}(t)$。但是，由于 X 和 Y 的级数较烦，也与经典方法相差较远，因此建议先用经典方法计算 $\boldsymbol{M}_{\mathrm{class}}(t)$，因为 $\boldsymbol{M}_{\mathrm{class}}(t)$ 的第三行，也是 X,Y,Z，我们可以从中抽取出 X,Y，再用式（A4）计算 $\boldsymbol{M}_{\mathrm{CIO}}(t)$。

3）转换矩阵 $\boldsymbol{M}_{\mathrm{class}}(t)$

现在计算岁差章动利用 Fukusima 方法，这种方法需旋转 4 次，如图 A2 所示，P_0 为历元平天极，P 为瞬时平天极，$\varPi_0$ 为历元黄极，$\varPi$ 为瞬时黄极，角 $\varPi_0 P_0 \varPi = \gamma$，弧 $P_0 \varPi = \varphi$，角 $P_0 \varPi P = \psi$，弧 $\varPi P = \varepsilon_A$，因此，岁差转换为

$$P(t) = R_1(-\varepsilon_A)R_3(-\psi)R_1(\varphi)R_3(\gamma) \tag{A5}$$

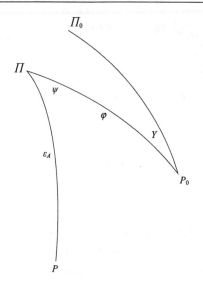

图 A2   Fukusima 方法

由于,

$$N(t) = R_1(-\varepsilon_A - \Delta\varepsilon)R_3(-\Delta\psi)R_1(\varepsilon_A)$$

因此,采用这种方法,

$$N(t)P(t) = R_1(-\varepsilon_A - \Delta\varepsilon)R_3(-\psi - \Delta\psi)R_1(\varphi)R_3(\gamma) \qquad (A6)$$

式中,$\Delta\psi$ 和 $\Delta\varepsilon$ 为黄经章动和交角章动。这也可从图 A2 中理解:P 为瞬时真天极,Π 为瞬时黄极,这时角 $P_0\Pi P = \psi + \Delta\psi$,弧 $\Pi P = \varepsilon_A + \Delta\varepsilon$,因此,岁差章动就转换为式(A6),即岁差章动同时改正,也只需旋转 4 次。γ、φ、ψ 均为岁差基本常数,其取值如下:

$$\gamma = 10.556403''T + 0.4932044''T^2 - 0.00031238''T^3$$
$$- 2.788 \times 10^{-6}''T^4 + 2.60 \times 10^{-8}''T^5$$

$$\varphi = 84381.406'' - 46.811015''T + 0.0511269''T^2 + 0.00053289''T^3$$
$$- 4.4 \times 10^{-7}''T^4 - 1.76 \times 10^{-8}''T^5 \qquad (A7)$$

$$\psi = 5038.481507''T + 1.5584176''T^2 - 0.00018522''T^3$$
$$- 0.000026452''T^4 - 1.48 \times 10^{-8}''T^5$$

在以上岁差基本常数的表达式中,T 的定义为

$$T = [\text{JD}(t) - 2451545.0]/36525$$

另外,如果图 A2 中的 P_0 理解为 GCRS 的极,P 理解为瞬时真天极,Π_0

为历元黄极，Π 为瞬时黄极，角 $\Pi_0 P_0 \Pi = \gamma_1$，弧 $P_0 \Pi = \varphi_1$，角 $P_0 \Pi P = \psi_1 + \Delta\psi$，弧 $\Pi P = \varepsilon_A + \Delta\varepsilon$，因此，岁差章动和配置矩阵可以仍用 4 次旋转完成：

$$N(t)P(t)B = R_1(-\varepsilon_A - \Delta\varepsilon)R_3(-\psi_1 - \Delta\psi)R_1(\varphi_1)R_3(\gamma_1) \tag{A8}$$

式中，

$$
\begin{aligned}
\gamma_1 = & -0.052928'' + 10.556378''T + 0.4932044''T^2 - 0.00031238''T^3 \\
& -2.788 \times 10^{-6}''T^4 + 2.60 \times 10^{-8}''T^5
\end{aligned}
$$

$$
\begin{aligned}
\varphi_1 = & \ 84381.412819'' - 46.811016''T + 0.0511268''T^2 + 0.00053289''T^3 \\
& -4.4 \times 10^{-7}''T^4 - 1.76 \times 10^{-8}''T^5
\end{aligned}
$$

$$
\begin{aligned}
\psi_1 = & -0.041775'' + 5038.481484''T + 1.5584175''T^2 - 0.00018522''T^3 \\
& -0.000026452''T^4 - 1.48 \times 10^{-8}''T^5
\end{aligned}
$$

$$
\begin{aligned}
\varepsilon_A = & \ 84381.406'' - 46.836769''T - 0.0001831''T^2 + 0.0020340''T^3 \\
& -5.76 \times 10^{-7}''T^4 - 4.34 \times 10^{-8}''T^5
\end{aligned}
$$

$$\text{(A9)}$$

有了 $N(t)P(t)B$，其第三行就是 X,Y,Z。

4）计算步骤小结

（1）计算岁差常数。利用式（A9）计算 PB 的岁差常数，即 $(\gamma_1, \varphi_1, \psi_1, \varepsilon_A)$。

（2）利用 IAU2000B 章动模型计算 $\Delta\psi_{2000B}$ 和 $\Delta\varepsilon_{2000B}$。

$\Delta\psi_{2000B}$ 和 $\Delta\varepsilon_{2000B}$ 为黄经章动和交角章动，可以用 IAU2000B 模式计算。IAU2000B 模式精确到 1 mas，包含了 77 项日月章动，它的表达形式如下。

对于日月章动，5 个引数：

$$\Delta\psi_{2000B} = \sum_{i=1}^{N}[(A_i + A_i't)\sin(\text{ARGUMENT}) + (A_i'' + A_i'''t)\cos(\text{ARGUMENT})]$$

$$\Delta\varepsilon_{2000B} = \sum_{i=1}^{N}[(B_i + B_i't)\cos(\text{ARGUMENT}) + (B_i'' + B_i'''t)\sin(\text{ARGUMENT})]$$

$$\text{(A10)}$$

式中，幅角的定义为以下天文量的线性组合。

$$
\begin{aligned}
F_1 \equiv l = & \text{月球平近点角} \\
= & \ 134.96340251° + 1717915923.2178''t + 31.8792''t^2 + 0.051635''t^3 \\
& -0.00024470''t^4
\end{aligned}
$$

$$
\begin{aligned}
F_2 \equiv l' = & \text{太阳平近点角} \\
= & \ 357.52910918° + 129596581.0481''t - 0.5532''t^2 + 0.000136''t^3 \\
& -0.00001149''t^4
\end{aligned}
$$

$$F_3 \equiv F = L - \Omega$$

$$= 93.27209062° + 1739527262.8478''t - 12.7512''t^2 - 0.001037''t^3$$

$$+ 0.00000417''t^4$$

$$F_4 \equiv D = 日月平角距$$

$$= 297.85019547° + 1602961601.2090''t - 6.3706''t^2 + 0.006593''t^3$$

$$- 0.00003169''t^4$$

$$F_5 \equiv \Omega = 月球升交点平黄经$$

$$= 125.04455501° - 6962890.5431''t + 7.4722''t^2 + 0.007702''t^3$$

$$- 0.00005939''t^4$$

其中，系数 A, A', A'', B, B', B'' 的数值请见附录 B。

（3）计算 $\boldsymbol{M}_{\text{class}} = NPB$

$$N(t)P(t)B = R_1(-\varepsilon_A - \Delta\varepsilon)R_3(-\psi_1 - \Delta\psi)R_1(\varphi_1)R_3(\gamma_1) \qquad (A11)$$

（4）计算 s

利用 $s + \dfrac{1}{2}XY$ 的级数表达式计算 $s + \dfrac{1}{2}XY$，有了 $\boldsymbol{M}_{\text{class}}$，就可得到 CIP 在 ICRS 中的坐标 X, Y：$X = \boldsymbol{M}_{\text{class}}(3,1)$ 和 $Y = \boldsymbol{M}_{\text{class}}(3,2)$。再用 $s + \dfrac{1}{2}XY$ 减去 $\dfrac{1}{2}XY$ 即得 s。

计算 $s + \dfrac{1}{2}XY$ 级数请见附录 B。

（5）计算 $\boldsymbol{M}_{\text{CIO}}$

有了 s 和 (X, Y, Z)，利用式（A4）可计算 $\boldsymbol{M}_{\text{CIO}}$。

5）模型简化

（1）章动计算模型的简化。

以上方法，精度约为 1 mas，但是，空间目标的观测精度没有这么高，轨道计算也不需要这么高的精度，因此，章动计算模型可以只考虑大于 0.1″ 的项，计算章动的方法如下[5]：

$$\Delta\psi = 0.0033'' \cos\Omega + \sum_{i=1}^{13}[(A_i + A_i't)\sin(\text{ARGUMENT})]$$

$$\Delta\varepsilon = 0.0015'' \sin\Omega + \sum_{i=1}^{13}[(B_i + B_i't)\cos(\text{ARGUMENT})]$$

式中的系数（单位为″）如表 A1 所示。

表 A1　截断章动项的表

sin	$T\sin$	cos	$T\cos$	l	l'	F	D	Ω
−17.2064	−0.01747	9.2052	0.00091	0	0	0	0	1
−1.3171	−0.00017	0.5730	−0.00030	0	0	2	−2	2
−0.2276	−0.00002	0.0978	−0.00005	0	0	2	0	2
0.2075	0.00002	−0.0897	0.00005	0	0	0	0	2
0.1476	−0.00036	0.0074	−0.00002	0	1	0	0	0
−0.0517	0.00012	0.0224	−0.00007	0	1	2	−2	2
0.0711	0.00001	−0.0007	0.00000	1	0	0	0	0
−0.0387	−0.00004	0.0201	0.00000	0	0	2	0	1
−0.0301	0.00000	0.0129	−0.00001	1	0	2	0	2
0.0216	−0.00005	−0.0096	0.00003	0	−1	2	−2	2
0.0128	0.00001	−0.0069	−0.00000	0	0	2	−2	1
0.0123	0.00000	−0.0053	0.00000	−1	0	2	0	2
0.0157	0.00000	−0.0001	0.00000	−1	0	0	2	0

（2）s 计算模型的简化。

在 1900～2100 年，s 小于 0.1″，在空间目标编目轨道计算中可以略去。但在精密定轨时，可能需要考虑一些较大的项。

参 考 文 献

[1]　McCarthy D D, Petit G. IERS Technical Note No.32. NBS Spec. Publ., 2003.

[2]　Capitaine N, Gambis D, McCarthy D D, et al. IERS Technical Note No.29. NBS Spec. Publ., 2002.

[3]　Capitaine N, Wallace P T. High precision methods for locating the celestial intermediate pole and origin. Astronomy & Astrophysics, 2006, 450: 858-872.

[4]　Wallace P T, Capitaine N. Precession-nutation procedures consistent with IAU 2006 resolution. Astronomy & Astrophysics, 2006, 459: 981-985.

[5]　Kaplan G H. USNO Circular No. 179. 2005.

[6]　Kaplan G H, et al. User's Guide to NOVAS Version F3.0. United States Navy, 2009.

[7]　Fukushima T. Tranformation from Cartesian to geodetic coordinates accelerated by Halley's method. Journal of Geodesy, 2006, 79: 689-693.

附录 B IAU2000 岁差章动模型

B1 岁 差 模 型

表 B1 岁差角多项式系数

岁差角	系数/（″）					
		t	t^2	t^3	t^4	t^5
ψ_A		5038.481507	1.0790069	0.00114045	0.000132851	-9.51×10^{-8}
ω_A	84381.406	-0.025754	0.0512623	0.00772503	-4.67×10^{-7}	3.337×10^{-7}
P_A		4.199094	0.1939873	0.00022466	-9.12×10^{-7}	1.20×10^{-8}
Q_A		46.811015	0.0510283	0.00054213	-6.46×10^{-7}	-1.72×10^{-8}
π_A		46.998972	0.0334926	0.00012559	1.13×10^{-7}	-2.2×10^{-9}
Π_A	629546.7936	-86795758	0.157992	0.0005371	0.00004797	7.2×10^{-8}
ε_0	84381.406					
ε_A	84381.406	46.836769	0.0001831	0.00200340	-5.76×10^{-7}	-4.34×10^{-8}
χ_A		10.556403	0.3814292	0.00121197	0.000170663	-5.60×10^{-8}
z_A	-2.650545	2306.077181	1.0927348	0.01826837	0.000028596	-2.90×10^{-7}
ζ_A	2.650545	2306.083227	0.2988499	0.01801828	-5.971×10^{-6}	-3.17×10^{-7}
θ_A		2004.191903	0.4294934	0.04182264	-7.089×10^{-6}	-1.27×10^{-7}
p_A		5028.796195	1.1054348	0.00007964	0.000023857	3.83×10^{-8}
X	-0.016617	2004.191898	0.4297829	0.19861834	7.578×10^{-6}	5.928×10^{-6}
Y	-0.006951	-0.025896	22.4072747	0.00190059	0.001112526	1.358×10^{-7}
$s+\dfrac{1}{2}XY$	0.0000940	0.00380865	0.00012268	0.07257411	0.00002798	0.00001562
$\gamma_{\text{J2000.0}}$		10.556403	0.4932044	0.00031238	-2.788×10^{-6}	2.60×10^{-8}
$\varphi_{\text{J2000.0}}$	84381.406	46.811015	0.0511269	0.00053289	-4.40×10^{-7}	-1.76×10^{-8}
$\psi_{\text{J2000.0}}$		5038.481507	1.5584176	0.00018522	0.000026452	-1.48×10^{-8}
γ_{GCRS}	-0.052928	10.556378	0.4932044	0.00031238	-2.788×10^{-6}	2.60×10^{-8}
φ_{GCRS}	84381.412819	46.811016	0.0511268	0.00053289	-4.40×10^{-7}	-1.76×10^{-8}
ψ_{GCRS}	-0.041775	5038.481484	1.5584175	0.00018522	-0.000026452	-1.48×10^{-8}

注：$t = [\text{JD}(t) - 2151545.0] / 36525$ (TT)

B2　IAU2000B 章动模式

1. 计算基本幅角

计算章动时，首先需要计算 5 个基本幅角，它们分别是

（1）l：月球平近点角；

（2）l'：太阳平近点角；

（3）F：月球平黄经与月球升交点平黄径之差；

（4）D：日月平黄经之差；

（5）Ω：月球升交点黄经。

它们的计算公式如下：

$$F_1 \equiv l = 月球平近点角$$
$$= 134.96340251° + 1717915923.2178''t + 31.8792''t^2 + 0.051635''t^3$$
$$- 0.00024470''t^4$$

$$F_2 \equiv l' = 太阳平近点角$$
$$= 357.52910918° + 129596581.0481''t - 0.5532''t^2 + 0.000136''t^3$$
$$- 0.00001149''t^4$$

$$F_3 \equiv F = L - \Omega$$
$$= 93.27209062° + 1739527262.8478''t - 12.7512''t^2 - 0.001037''t^3$$
$$+ 0.00000417''t^4$$

$$F_4 \equiv D = 日月平角距$$
$$= 297.85019547° + 1602961601.2090''t - 6.3706''t^2 + 0.006593''t^3$$
$$- 0.00003169''t^4$$

$$F_5 \equiv \Omega = 月球升交点平黄经$$
$$= 125.04455501° - 6962890.5431''t + 7.4722''t^2 + 0.007702''t^3$$
$$- 0.00005939''t^4$$

2. 计算章动量

黄经章动 $\Delta\psi$ 和交角章动 $\Delta\varepsilon$ 的计算公式如下：

$$\Delta\psi = -0.000135'' + \sum_{i=1}^{N}[(A_i + A_i't)\sin(\text{ARGUMENT}) + A_i''\cos(\text{ARGUMENT})]$$

$$\Delta\varepsilon = 0.000388'' + \sum_{i=1}^{N}[(B_i + B_i't)\cos(\text{ARGUMENT}) + B_i''\sin(\text{ARGUMENT})]$$

式中的系数和幅角系数见表 B2，表中系数的单位为 0.1 微角秒；t 的单位为儒略世纪，即

$$t = [\mathrm{JD}(t) - 2151545.0]/36525 \ (\mathrm{TT})$$

因此，A_i' 和 B_i' 的单位为 0.1 微角秒/儒略世纪。

表 B2　IAU2000B 章动模式

黄经			交角			幅角				
sin	$T\sin$	cos	cos	$T\cos$	sin	l	l'	F	D	Ω
−172064161	−174666	33386	92052331	9086	15377	0	0	0	0	1
−13170906	−1675	−13696	5730336	−3015	−4587	0	0	2	−2	2
−2276413	−234	2796	978459	−485	1374	0	0	2	0	2
2074554	207	−698	−897492	470	−291	0	0	0	0	2
1475877	−3633	11817	73871	−184	−1924	0	1	0	0	0
−516821	1226	−524	224386	−677	−174	0	1	2	−2	2
711159	73	−872	−6750	0	358	1	0	0	0	0
−387298	−367	380	200728	18	318	0	0	2	0	1
−301461	−36	816	129025	−63	367	1	0	2	0	2
215829	−494	111	−95929	299	13	0	−1	2	−2	2
128227	137	181	−68982	−9	39	0	0	2	−2	1
123457	11	19	−53311	32	−4	−1	0	2	0	2
156994	10	−168	−1235	0	82	−1	0	0	2	0
63110	63	27	−33228	0	−9	1	0	0	0	1
−57976	−63	−189	31429	0	−75	−1	0	0	0	1
−59641	−11	149	25543	−11	66	−1	0	2	2	2
−51613	−42	129	26366	0	78	1	0	2	0	1
45893	50	31	−24236	−10	20	−2	0	2	0	1
63384	11	−150	−1220	0	29	0	0	0	2	0
−38571	−1	158	16452	−11	68	0	0	2	2	2
32481	0	0	−13870	0	0	0	−2	2	−2	2
−47722	0	−18	477	0	−25	−2	0	0	2	0
−31046	−1	131	13238	−11	59	2	0	2	0	2
28593	0	−1	−12338	10	−3	1	0	2	−2	2
20441	21	10	−10758	0	−3	−1	0	2	0	1
29243	0	−74	−609	0	13	2	0	0	0	0
25887	0	−66	−550	0	11	0	0	2	0	0

续表

黄经			交角			幅角				
sin	$T\sin$	cos	cos	$T\cos$	sin	l	l'	F	D	Ω
−14053	−25	79	8551	−2	−45	0	1	0	0	1
15164	10	11	−8001	0	−1	−1	0	0	2	1
−15794	72	−16	6850	−42	−5	0	2	2	−2	2
21783	0	13	−167	0	13	0	0	−2	2	0
−12873	−10	−37	6953	0	−14	1	0	0	−2	1
−12654	11	63	6415	0	26	0	−1	0	0	1
−10204	0	25	5222	0	15	−1	0	2	2	1
16707	−85	−10	168	−1	10	0	2	0	0	0
−7691	0	44	3268	0	19	1	0	2	2	2
−11024	0	−14	104	0	2	−2	0	2	0	0
7566	−21	−11	−3250	0	−5	0	1	2	0	2
−6637	−11	25	3353	0	14	0	0	2	2	1
−7141	21	8	3070	0	4	0	−1	2	0	2
−6302	−11	2	3272	0	4	0	0	0	2	1
5800	10	2	−3045	0	−1	1	0	2	−2	1
6443	0	−7	−2768	0	−4	2	0	2	−2	2
−5774	−11	−15	3041	0	−5	−2	0	0	2	1
−5350	0	21	2695	0	12	2	0	2	0	1
−4752	−11	−3	2719	0	−3	0	−1	2	−2	1
−4940	−11	−21	2720	0	−9	0	0	0	−2	1
7350	0	−8	−51	0	4	−1	−1	0	2	0
4065	0	6	−2206	0	1	2	0	0	−2	1
6579	0	−24	−199	0	2	1	0	0	2	0
3579	0	5	−1900	0	1	0	1	2	−2	1
4725	0	−6	−41	0	3	1	−1	0	0	0
−3075	0	−2	1313	0	−1	−2	0	2	0	2
−2904	0	15	1233	0	7	3	0	2	0	2
4348	0	−10	−81	0	2	0	−1	0	2	0
−2878	0	8	1232	0	4	1	1	2	0	2
−4230	0	5	−20	0	−2	0	0	0	1	0
−2819	0	7	1207	0	3	−1	−1	2	2	2
−4056	0	5	40	0	−2	−1	0	2	0	0

续表

黄经			交角			幅角				
sin	$T\sin$	cos	cos	$T\cos$	sin	l	l'	F	D	Ω
−2647	0	11	1129	0	5	0	−1	2	2	2
−2294	0	−10	1266	0	−4	−2	0	0	0	1
2481	0	−7	−1062	0	−3	1	1	2	0	2
2179	0	−2	−1129	0	−2	2	0	0	0	1
3276	0	1	−9	0	0	−1	1	0	1	0
−3389	0	5	35	0	−2	1	1	0	0	0
3339	0	−13	−107	0	1	1	0	2	0	0
−1987	0	−6	1073	0	−2	−1	0	2	−2	1
−1981	0	0	854	0	0	1	0	0	0	2
4026	0	−353	−553	0	−139	−1	0	0	1	0
1660	0	−5	−710	0	−2	0	0	2	1	2
−1521	0	9	647	0	4	−1	0	2	4	2
1314	0	0	−700	0	0	−1	1	0	1	1
−1283	0	0	672	0	0	0	−2	2	−2	1
−1331	0	8	663	0	4	1	0	2	2	1
1383	0	−2	−594	0	−2	−2	0	2	2	2
1405	0	4	−610	0	2	−1	0	0	0	2
1290	0	0	−556	0	0	1	1	2	−2	2

B3　IAU2006 $s+\dfrac{XY}{2}$ 的周期项级数

1. 计算基本幅角

基本幅角同 IAU2000B 模式，只是这里还用到另外 3 个幅角：

$$l_{Ve} = 3.176146697 + 1021.3285546211\,t$$
$$l_E = 1.753470314 + 628.3075849991\,t$$
$$p_a = 0.024381750\,t + 0.00000538691\,t^2$$

2. 计算 s+XY/2

$$s_{2006} = \sum_{i=1}^{N}[A_i\sin(\text{ARGUMENT}) + B_i\cos(\text{ARGUMENT})]$$

$$t = [\mathrm{JD}(t) - 2151545.0] / 36525 \ (\mathrm{TT})$$

式中，系数 A_i 和 B_i 的单位为 0.1 微角秒。

表 B3 为 IAU2006 $s + \dfrac{XY}{2}$ 的系数表。

表 B3　IAU2006 $s+XY/2$ 系数

项目	l	l'	F	D	Ω	l_{Ve}	l_E	p_a	sin	cos
	0	0	0	0	1	0	0	0	−2640.73	+0.39
	0	0	0	0	2	0	0	0	−63.53	+0.02
	0	0	2	−2	3	0	0	0	−11.75	−0.01
	0	0	2	−2	1	0	0	0	−11.21	−0.01
	0	0	2	−2	2	0	0	0	+4.57	0.00
	0	0	2	0	3	0	0	0	−2.02	0.00
	0	0	2	0	1	0	0	0	−1.98	0.00
	0	0	0	0	3	0	0	0	+1.72	0.00
	0	1	0	0	1	0	0	0	+1.41	+0.01
	0	1	0	0	−1	0	0	0	+1.26	+0.01
	1	0	0	0	−1	0	0	0	+0.63	0.00
	1	0	0	0	1	0	0	0	+0.63	0.00
	0	1	2	−2	3	0	0	0	−0.46	0.00
	0	1	2	−2	1	0	0	0	−0.45	0.00
	0	0	4	−4	4	0	0	0	−0.36	0.00
t	0	0	1	−1	1	−8	12	0	+0.24	+0.12
	0	0	2	0	0	0	0	0	−0.32	0.00
	0	0	2	0	2	0	0	0	−0.28	0.00
	1	0	2	0	3	0	0	0	−0.27	0.00
	1	0	2	0	1	0	0	0	−0.26	0.00
	0	0	2	−2	0	0	0	0	+0.21	0.00
	0	1	−2	2	−3	0	0	0	−0.19	0.00
	0	1	−2	2	−1	0	0	0	−0.18	0.00
	0	0	0	0	0	8	−13	−1	+0.10	−0.05
	0	0	0	2	0	0	0	0	−0.15	0.00
	2	0	−2	0	−1	0	0	0	+0.14	0.00
	0	1	2	−2	2	0	0	0	+0.14	0.00
	1	0	0	−2	1	0	0	0	−0.14	0.00
	1	0	0	−2	−1	0	0	0	−0.14	0.00
	0	0	4	−2	4	0	0	0	−0.13	0.00
	0	0	2	−2	4	0	0	0	+0.11	0.00

续表

项目	l	l'	F	D	Ω	l_{Ve}	l_E	p_a	sin	cos
t	1	0	−2	0	−3	0	0	0	−0.11	0.00
	1	0	−2	0	−1	0	0	0	−0.11	0.00
	0	0	0	0	2	0	0	0	−0.07	+3.57
	0	0	0	0	1	0	0	0	+1.73	−0.03
	0	0	2	−2	3	0	0	0	0.00	+0.48
	0	0	0	0	2	0	0	0	−0.07	+3.57
t^2	0	0	0	0	1	0	0	0	+743.52	−0.17
	0	0	2	−2	2	0	0	0	+56.91	+0.06
	0	0	2	0	2	0	0	0	+9.84	−0.01
	0	0	0	0	2	0	0	0	−8.85	+0.01
	0	1	0	0	0	0	0	0	−6.38	−0.05
	1	0	0	0	0	0	0	0	−3.07	0.00
	0	1	2	−2	2	0	0	0	+2.23	0.00
	0	0	2	0	1	0	0	0	+1.67	0.00
	1	0	2	0	2	0	0	0	+1.30	0.00
	0	1	−2	2	−2	0	0	0	+0.93	0.00
	1	0	0	−2	0	0	0	0	+0.68	0.00
	0	0	2	−2	1	0	0	0	−0.55	0.00
	1	0	−2	0	−2	0	0	0	+0.53	0.00
	0	0	0	2	0	0	0	0	−0.27	0.00
	1	0	0	0	1	0	0	0	−0.27	0.00
	1	0	−2	−2	−2	0	0	0	−0.26	0.00
	1	0	0	0	−1	0	0	0	−0.25	0.00
	1	0	2	0	1	0	0	0	+0.22	0.00
	2	0	0	−2	0	0	0	0	−0.21	0.00
	2	0	−2	0	−1	0	0	0	+0.20	0.00
	0	0	2	2	2	0	0	0	+0.17	0.00
	2	0	2	0	2	0	0	0	+0.13	0.00
	2	0	0	0	0	0	0	0	−0.13	0.00
	1	0	2	−2	2	0	0	0	−0.12	0.00
	0	0	2	0	0	0	0	0	−0.11	0.00
t^3	0	0	0	0	1	0	0	0	+0.30	−23.42
	0	0	2	−2	2	0	0	0	−0.03	−1.46
	0	0	2	0	2	0	0	0	−0.01	−0.25
	0	0	0	0	2	0	0	0	0.00	+0.23
t^4	0	0	0	0	1	0	0	0	−0.26	0.01

附录 C　IAU2000B ICRS 到 CIRS 的转换矩阵计算程序

程序名：　　　MCIOS00

使用说明：　　call MCIOS00 (DATE1,DATE2,NPB,X,Y,S06,M)

其中，DATE1，DATE2 为计算时间的儒略日的两部分

　　　　　NPB(3,3)　　D 输出量，转换矩阵 M_{class}

　　　　　X,Y　　　　D 输出量，（CIP）坐标

　　　　　S06　　　　D 输出量，（CIO）指示

　　　　　M(3,3)　　　D 输出量，转换矩阵 M_{CIO}

程序由 SOFA 软件编写，只稍作整理，没有简化，如需简化，需要改程序。

```
*-------------------------------------------------------------
   subroutine MCIOS00 ( DATE1, DATE2, NPB, X, Y ,s06,M)
*  Given:
*  DATE1,DATE2    d     TT as a 2-part Julian Date (Note 1)
*  Returned:
*   X,Y           d     CIP coordinates
*   S06           d     the CIO locator s in radians (Note 2)
*   M(3,3)        d     the CIO 转换矩阵
   INTEGER I,J,KS0 (8,33),KS1(8,3), KS2(8,25),KS3(8,4),KS4(8,1)
   REAL*8 DATE1,DATE2,X,Y,S06,DAS2R,D2PI,TURNAS,DJ00,DJC,NPB(3,3)
   REAL*8 T,A,S0,S1,S2,S3,S4,S5,FA(8),Z,SS,SC,M(3,3)
   REAL*8 SS0(2,33),SS1(2,13),SS2(2,25),SS3(2,4),SS4(2,1)
   DAS2R = 4.848136811095359935899141D-6
    D2PI = 6.283185307179586476925287D0
    TURNAS = 1296000D0
    DJ00 = 2451545D0
    DJC = 36525D0
   CALL XY06(DATE1,DATE2,NPB,X,Y)
*  --------------------
*  The series for s+XY/2
*  --------------------
*  Number of terms in the series
```

```
      S0 = 94D-6
      S1 = 3808.35 D-6
      S2 = -119.94 D-6
      S3 = -72574.09 D-6
      S4 = 27.70 D-6
      S5 =15.61 D-6
*  Argument coefficients for t^0
      DATA ( ( KS0(I,J), I=1,8), J=1,10 ) /
      :  0,  0,  0,  0,  1,  0,  0,  0,
      :  0,  0,  0,  0,  2,  0,  0,  0,
      :  0,  0,  2, -2,  3,  0,  0,  0,
      :  0,  0,  2, -2,  1,  0,  0,  0,
      :  0,  0,  2, -2,  2,  0,  0,  0,
      :  0,  0,  2,  0,  3,  0,  0,  0,
      :  0,  0,  2,  0,  1,  0,  0,  0,
      :  0,  0,  0,  0,  3,  0,  0,  0,
      :  0,  1,  0,  0,  1,  0,  0,  0,
      :  0,  1,  0,  0, -1,  0,  0,  0 /
      DATA ( ( KS0(I,J), I=1,8), J=11,20 ) /
      :  1,  0,  0,  0, -1,  0,  0,  0,
      :  1,  0,  0,  0,  1,  0,  0,  0,
      :  0,  1,  2, -2,  3,  0,  0,  0,
      :  0,  1,  2, -2,  1,  0,  0,  0,
      :  0,  0,  4, -4,  4,  0,  0,  0,
      :  0,  0,  1, -1,  1, -8, 12,  0,
      :  0,  0,  2,  0,  0,  0,  0,  0,
      :  0,  0,  2,  0,  2,  0,  0,  0,
      :  1,  0,  2,  0,  3,  0,  0,  0,
      :  1,  0,  2,  0,  1,  0,  0,  0 /
      DATA ( ( KS0(I,J), I=1,8), J=21,30 ) /
      :  0,  0,  2, -2,  0,  0,  0,  0,
      :  0,  1, -2,  2, -3,  0,  0,  0,
      :  0,  1, -2,  2, -1,  0,  0,  0,
      :  0,  0,  0,  0,  0,  8,-13, -1,
      :  0,  0,  0,  2,  0,  0,  0,  0,
      :  2,  0, -2,  0, -1,  0,  0,  0,
      :  0,  1,  2, -2,  2,  0,  0,  0,
      :  1,  0,  0, -2,  1,  0,  0,  0,
      :  1,  0,  0, -2, -1,  0,  0,  0,
```

```
      : 0,  0,  4, -2,  4,  0,  0,  0 /
       DATA ( ( KS0(I,J), I=1,8), J=31,33 ) /
      : 0,  0,  2, -2,  4,  0,  0,  0,
      : 1,  0, -2,  0, -3,  0,  0,  0,
      : 1,  0, -2,  0, -1,  0,  0,  0 /
*  Argument coefficients for t^1
       DATA ( ( KS1(I,J), I=1,8), J=1,3 ) /
      : 0,  0,  0,  0,  2,  0,  0,  0,
      : 0,  0,  0,  0,  1,  0,  0,  0,
      : 0,  0,  2, -2,  3,  0,  0,  0 /
*  Argument coefficients for t^2
       DATA ( ( KS2(I,J),  I=1,8), J=1,10 ) /
      : 0,  0,  0,  0,  1,  0,  0,  0,
      : 0,  0,  2, -2,  2,  0,  0,  0,
      : 0,  0,  2,  0,  2,  0,  0,  0,
      : 0,  0,  0,  0,  2,  0,  0,  0,
      : 0,  1,  0,  0,  0,  0,  0,  0,
      : 1,  0,  0,  0,  0,  0,  0,  0,
      : 0,  1,  2, -2,  2,  0,  0,  0,
      : 0,  0,  2,  0,  1,  0,  0,  0,
      : 1,  0,  2,  0,  2,  0,  0,  0,
      : 0,  1, -2,  2, -2,  0,  0,  0 /
       DATA ( ( KS2(I,J), I=1,8), J=11,20 ) /
      : 1,  0,  0, -2,  0,  0,  0,  0,
      : 0,  0,  2, -2,  1,  0,  0,  0,
      : 1,  0, -2,  0, -2,  0,  0,  0,
      : 0,  0,  0,  2,  0,  0,  0,  0,
      : 1,  0,  0,  0,  1,  0,  0,  0,
      : 1,  0, -2, -2, -2,  0,  0,  0,
      : 1,  0,  0,  0, -1,  0,  0,  0,
      : 1,  0,  2,  0,  1,  0,  0,  0,
      : 2,  0,  0, -2,  0,  0,  0,  0,
      : 2,  0, -2,  0, -1,  0,  0,  0 /
       DATA ( ( KS2(I,J), I=1,8), J=21,25 ) /
      : 0,  0,  2,  2,  2,  0,  0,  0,
      : 2,  0,  2,  0,  2,  0,  0,  0,
      : 2,  0,  0,  0,  0,  0,  0,  0,
      : 1,  0,  2, -2,  2,  0,  0,  0,
      : 0,  0,  2,  0,  0,  0,  0,  0 /
```

```
*  Argument coefficients for t^3
      DATA ( ( KS3(I,J), I=1,8), J=1,4 ) /
   :  0,  0,  0,  0,  1,  0,  0,  0,
   :  0,  0,  2, -2,  2,  0,  0,  0,
   :  0,  0,  2,  0,  2,  0,  0,  0,
   :  0,  0,  0,  0,  2,  0,  0,  0 /
*  Argument coefficients for t^4
      DATA ( ( KS4(I,J), I=1,8), J=1,1 ) /
   :  0,  0,  0,  0,  1,  0,  0,  0 /
*  Sine and cosine coefficients for t^0
      DATA ( ( SS0(I,J), I=1,2), J=1,10 ) /
   :          -2640.73D-6,          +0.39D-6,
   :            -63.53D-6,          +0.02D-6,
   :            -11.75D-6,          -0.01D-6,
   :            -11.21D-6,          -0.01D-6,
   :             +4.57D-6,           0.00D-6,
   :             -2.02D-6,           0.00D-6,
   :             -1.98D-6,           0.00D-6,
   :             +1.72D-6,           0.00D-6,
   :             +1.41D-6,          +0.01D-6,
   :             +1.26D-6,          +0.01D-6 /
      DATA ( ( SS0(I,J), I=1,2), J=11,20 ) /
   :             +0.63D-6,           0.00D-6,
   :             +0.63D-6,           0.00D-6,
   :             -0.46D-6,           0.00D-6,
   :             -0.45D-6,           0.00D-6,
   :             -0.36D-6,           0.00D-6,
   :             +0.24D-6,          +0.12D-6,
   :             -0.32D-6,           0.00D-6,
   :             -0.28D-6,           0.00D-6,
   :             -0.27D-6,           0.00D-6,
   :             -0.26D-6,           0.00D-6 /
      DATA ( ( SS0(I,J), I=1,2), J=21,30 ) /
   :             +0.21D-6,           0.00D-6,
   :             -0.19D-6,           0.00D-6,
   :             -0.18D-6,           0.00D-6,
   :             +0.10D-6,          -0.05D-6,
   :             -0.15D-6,           0.00D-6,
   :             +0.14D-6,           0.00D-6,
```

```
     :              +0.14D-6,              0.00D-6,
     :              -0.14D-6,              0.00D-6,
     :              -0.14D-6,              0.00D-6,
     :              -0.13D-6,              0.00D-6 /
       DATA ( ( SS0(I,J), I=1,2), J=31,33 ) /
     :              +0.11D-6,              0.00D-6,
     :              -0.11D-6,              0.00D-6,
     :              -0.11D-6,              0.00D-6 /
*  Sine and cosine coefficients for t^1
       DATA ( ( SS1(I,J), I=1,2), J=1,3 ) /
     :              -0.07D-6,             +3.57D-6,
     :              +1.71D-6,             -0.03D-6,
     :               0.00D-6,             +0.48D-6 /
*  Sine and cosine coefficients for t^2
       DATA ( ( SS2(I,J), I=1,2), J=1,10 ) /
     :            +743.53D-6,             -0.17D-6,
     :             +56.91D-6,             +0.06D-6,
     :              +9.84D-6,             -0.01D-6,
     :              -8.85D-6,             +0.01D-6,
     :              -6.38D-6,             -0.05D-6,
     :              -3.07D-6,              0.00D-6,
     :              +2.23D-6,              0.00D-6,
     :              +1.67D-6,              0.00D-6,
     :              +1.30D-6,              0.00D-6,
     :              +0.93D-6,              0.00D-6 /
       DATA ( ( SS2(I,J), I=1,2), J=11,20 ) /
     :              +0.68D-6,              0.00D-6,
     :              -0.55D-6,              0.00D-6,
     :              +0.53D-6,              0.00D-6,
     :              -0.27D-6,              0.00D-6,
     :              -0.27D-6,              0.00D-6,
     :              -0.26D-6,              0.00D-6,
     :              -0.25D-6,              0.00D-6,
     :              +0.22D-6,              0.00D-6,
     :              -0.21D-6,              0.00D-6,
     :              +0.20D-6,              0.00D-6 /
       DATA ( ( SS2(I,J), I=1,2), J=21,25 ) /
     :              +0.17D-6,              0.00D-6,
     :              +0.13D-6,              0.00D-6,
```

```
      :          -0.13D-6,          0.00D-6,
      :          -0.12D-6,          0.00D-6,
      :          -0.11D-6,          0.00D-6 /
* Sine and cosine coefficients for t^3
      DATA ( ( SS3(I,J), I=1,2), J=1,4 ) /
      :          +0.30D-6,         -23.51D-6,
      :          -0.03D-6,          -1.39D-6,
      :          -0.01D-6,          -0.24D-6,
      :           0.00D-6,          +0.22D-6 /
* Sine and cosine coefficients for t^4
      DATA ( ( SS4(I,J), I=1,2), J=1,1 ) /
      :          -0.26D-6,          -0.01D-6 /
* Interval between fundamental epoch J2000.0 and current date (JC).
      T = ( ( DATE1-DJ00 ) + DATE2 ) / DJC
* Fundamental Arguments (from IERS Conventions 2003)
* Mean anomaly of the Moon (IERS Conventions 2003).
      FA(1) = MOD (        485868.249036D0 +
      :              T*( 1717915923.2178D0 +
      :              T*(          31.8792D0 +
      :              T*(          0.051635D0 +
      :              T*(        - 0.00024470D0 )))), TURNAS ) * DAS2R
* Mean anomaly of the Sun.
      FA(2) = MOD (       1287104.793048D0 +
      :              T*( 129596581.0481D0 +
      :              T*(          - 0.5532D0 +
      :              T*(          0.000136D0 +
      :              T*(        - 0.00001149D0 )))), TURNAS ) * DAS2R
* Mean longitude of the Moon minus that of the ascending node.
      FA(3) = MOD (        335779.526232D0 +
      :              T*( 1739527262.8478D0 +
      :              T*(         - 12.7512D0 +
      :              T*(         - 0.001037D0 +
      :              T*(        0.00000417D0 )))), TURNAS ) * DAS2R
* Mean elongation of the Moon from the Sun.
      FA(4) = MOD (       1072260.703692D0 +
      :              T*( 1602961601.2090D0 +
      :              T*(          - 6.3706D0 +
      :              T*(          0.006593D0 +
      :              T*(        - 0.00003169D0 )))), TURNAS ) * DAS2R
```

```
*  Mean longitude of the ascending node of the Moon.
      FA(5) = MOD (        450160.398036D0 +
     :                 T*( - 6962890.5431D0 +
     :                 T*(        7.4722D0 +
     :                 T*(        0.007702D0 +
     :                 T*(      - 0.00005939D0 )))), TURNAS ) * DAS2R
*  Mean longitude of Venus.
      FA(6) =  MOD ( 3.176146697D0 + 1021.3285546211D0 * T, D2PI )
*  Mean longitude of Earth.
      FA(7) = MOD ( 1.753470314D0 + 628.3075849991D0 * T, D2PI )
*  General precession in longitude.
      FA(8) =  ( 0.024381750D0 + 0.00000538691D0 * T ) * T
      DO 2 I = 33,1,-1
         A = 0D0
         DO 1 J=1,8
            A = A + DBLE(KS0(J,I))*FA(J)
 1       CONTINUE
         S0 = S0 + ( SS0(1,I)*SIN(A) + SS0(2,I)*COS(A) )
 2    CONTINUE
      DO 4 I = 3,1,-1
         A = 0D0
         DO 3 J=1,8
            A = A + DBLE(KS1(J,I))*FA(J)
 3       CONTINUE
         S1 = S1 + ( SS1(1,I)*SIN(A) + SS1(2,I)*COS(A) )
 4    CONTINUE
      DO 6 I = 25,1,-1
         A = 0D0
         DO 5 J=1,8
            A = A + DBLE(KS2(J,I))*FA(J)
 5       CONTINUE
         S2 = S2 + ( SS2(1,I)*SIN(A) + SS2(2,I)*COS(A) )
 6    CONTINUE
      DO 8 I = 4,1,-1
         A = 0D0
         DO 7 J=1,8
            A = A + DBLE(KS3(J,I))*FA(J)
 7       CONTINUE
         S3 = S3 + ( SS3(1,I)*SIN(A) + SS3(2,I)*COS(A) )
```

```
8     CONTINUE
      DO 10 I = 1,1,-1
        A = 0D0
        DO 9 J=1,8
          A = A + DBLE(KS4(J,I))*FA(J)
9     CONTINUE
        S4 = S4 + ( SS4(1,I)*SIN(A) + SS4(2,I)*COS(A) )
10    CONTINUE
      S06 = ( S0 +
     :          ( S1 +
     :          ( S2 +
     :          ( S3 +
     :          ( S4 +
     :            S5 * T ) * T ) * T ) * T ) * T ) * DAS2R - X*Y/2D0
      Z=SQRT(1.0D0-X*X-Y*Y)
      SS=SIN(S06)
      SC=COS(S06)
      A=1.0D0/(1+Z)
      M(1,1)=SC+A*X*(Y*SS-X*SC)
      M(1,2)=-SS+A*Y*(Y*SS-X*SC)
      M(1,3)=-SC*X+SS*Y
      M(2,1)=SS-A*X*(Y*SC+X*SS)
      M(2,2)=SC-A*Y*(Y*SC+X*SS)
      M(2,3)=-SS*X-SC*Y
      M(3,1)=X
      M(3,2)=Y
      M(3,3)=Z
      END
*-------------------------------------------------------------
      SUBROUTINE XY06(DATE1,DATE2,NPB,X,Y)
      real*8 date1,date2,dpsi,deps,GAMB, PHIB, PSIB, EPSA,X,Y
      REAL*8 R1(3,3),R2(3,3),R3(3,3),R4(3,3),RA(3,3),RB(3,3),NPB(3,3)
      call nut00b(date1,date2,dpsi,deps)
      CALL PFW06 ( DATE1, DATE2, GAMB, PHIB, PSIB, EPSA )
      PSIB=PSIB+DPSI
      EPSA=EPSA+DEPS
      CALL RZ ( GAMB, R1 )
      CALL RX ( PHIB, R2)
      CALL RZ ( -PSIB, R3)
```

```
      CALL RX ( -EPSA, R4 )
     CALL RXR(R2,R1,RA)
     CALL RXR(R4,R3,RB)
     CALL RXR(RB,RA,NPB)
     X=NPB(3,1)
     Y=NPB(3,2)
     end
*-------------------------------------------------------------
     SUBROUTINE RXR ( A, B, ATB )
     IMPLICIT NONE
     DOUBLE PRECISION A(3,3), B(3,3), ATB(3,3)
     INTEGER I, J, K
     DOUBLE PRECISION W
     DO 3 I=1,3
        DO 2 J=1,3
          W = 0D0
          DO 1 K=1,3
             W = W + A(I,K)*B(K,J)
1          CONTINUE
          ATB(I,J) = W
2       CONTINUE
3    CONTINUE
     END
*-------------------------------------------------------------
     SUBROUTINE RZ(PSI,R)
     REAL*8  PSI,R(3,3),S,C
     S = SIN(PSI)
     C = COS(PSI)
     CALL IR ( R )
     R(1,1) = C
     R(2,1) = -S
     R(1,2) = S
     R(2,2) = C
     END
*-------------------------------------------------------------
     SUBROUTINE RX ( PHI, R )
      IMPLICIT NONE
     DOUBLE PRECISION PHI, R(3,3),S,C
     S = SIN(PHI)
```

```
      C = COS(PHI)
      CALL IR ( R )
      R(2,2) = C
      R(3,2) = -S
      R(2,3) = S
      R(3,3) = C
      END
*------------------------------------------------------------
      SUBROUTINE IR ( R )
      IMPLICIT NONE
      DOUBLE PRECISION R(3,3)
      INTEGER I, J
      DO 2 J=1,3
        DO 1 I=1,3
          R(I,J) = 0D0
1       CONTINUE
2     CONTINUE
      DO 3 I=1,3
        R(I,I) = 1D0
3     CONTINUE
      END
*------------------------------------------------------------
      SUBROUTINE PFW06 ( DATE1, DATE2, GAMB, PHIB, PSIB, EPSA )
*  Given:
*     DATE1,DATE2    d    TT as a 2-part Julian Date (Note 1)
*  Returned:
*     GAMB           d    F-W angle gamma_bar (radians)
*     PHIB           d    F-W angle phi_bar (radians)
*     PSIB           d    F-W angle psi_bar (radians)
*     EPSA           d    F-W angle epsilon_A (radians)
      IMPLICIT NONE
      DOUBLE PRECISION DATE1, DATE2, GAMB, PHIB, PSIB, EPSA
*  Arcseconds to radians
      DOUBLE PRECISION DAS2R
      PARAMETER ( DAS2R = 4.848136811095359935899141D-6 )
*  Reference epoch (J2000), JD
      DOUBLE PRECISION DJ00
      PARAMETER ( DJ00 = 2451545D0 )
*  Days per Julian century
```

```
      DOUBLE PRECISION DJC
      PARAMETER ( DJC = 36525D0 )
      DOUBLE PRECISION T
*  Interval between fundamental date J2000.0 and given date (JC).
      T = ( ( DATE1-DJ00 ) + DATE2 ) / DJC
*  P03 bias+precession angles.
      GAMB =        (    -0.052928D0    +
      :             (    10.556378D0    +
      :             (     0.4932044D0   +
      :             (    -0.00031238D0  +
      :             (    -0.000002788D0 +
      :             (     0.0000000260D0 )
      :                        * T ) * T ) * T ) * T ) * T ) * DAS2R
      PHIB =        ( 84381.412819D0    +
      :             (    -46.811016D0   +
      :             (      0.0511268D0  +
      :             (      0.00053289D0 +
      :             (     -0.000000440D0 +
      :             (     -0.0000000176D0 )
      :                        * T ) * T ) * T ) * T ) * T ) * DAS2R
      PSIB =        (    -0.041775D0    +
      :             ( 5038.481484D0     +
      :             (     1.5584175D0   +
      :             (    -0.00018522D0  +
      :             (    -0.000026452D0 +
      :             (    -0.0000000148D0 )
      :                        * T ) * T ) * T ) * T ) * T ) * DAS2R
*  Mean obliquity.
        EPSA = ( 84381.406D0        +
      :         (    -46.836769D0    +
      :         (     -0.0001831D0   +
      :         (      0.00200340D0  +
      :         (     -0.000000576D0 +
      :         (     -0.0000000434D0 )
      :                        * T ) * T ) * T ) * T ) * T ) * DAS2R
      END
      SUBROUTINE NUT00B ( DATE1, DATE2, DPSI, DEPS )
*------------------------------------------------------------
*  Given:
```

```
*     DATE1,DATE2   d   TT as a 2-part Julian Date (Note 1)
*  Returned:
*     DPSI,DEPS    d   nutation, luni-solar + planetary (Note 2)
*------------------------------------------------------------
      IMPLICIT NONE
      DOUBLE PRECISION DATE1, DATE2, DPSI, DEPS
*  Arcseconds to radians
      DOUBLE PRECISION DAS2R
      PARAMETER ( DAS2R = 4.848136811095359935899141D-6 )
*  Milliarcseconds to radians
      DOUBLE PRECISION DMAS2R
      PARAMETER ( DMAS2R = DAS2R / 1D3 )
*  Arcseconds in a full circle
      DOUBLE PRECISION TURNAS
      PARAMETER ( TURNAS = 1296000D0 )
*  2Pi
      DOUBLE PRECISION D2PI
      PARAMETER ( D2PI = 6.283185307179586476925287D0 )
*  Units of 0.1 microarcsecond to radians
      DOUBLE PRECISION U2R
      PARAMETER ( U2R = DAS2R/1D7 )
*  Reference epoch (J2000), JD
      DOUBLE PRECISION DJ00
      PARAMETER ( DJ00 = 2451545D0 )
*  Days per Julian century
      DOUBLE PRECISION DJC
      PARAMETER ( DJC = 36525D0 )
*  Miscellaneous
      DOUBLE PRECISION T, EL, ELP, F, D, OM, ARG, DP, DE, SARG, CARG,
     :                 DPSILS, DEPSLS, DPSIPL, DEPSPL
      INTEGER I, J
*  Number of terms in the luni-solar nutation model
      INTEGER NLS
      PARAMETER ( NLS = 77 )
*  Coefficients for fundamental arguments
      INTEGER NALS(5,NLS)
*  Longitude and obliquity coefficients
      DOUBLE PRECISION CLS(6,NLS)
*  ---------------------------------------
```

```
*  Fixed offset in lieu of planetary terms (radians)
*  ---------------------------------------------

      DOUBLE PRECISION DPPLAN, DEPLAN
      PARAMETER ( DPPLAN = - 0.135D0 * DMAS2R,
     :            DEPLAN = + 0.388D0 * DMAS2R )
*  ---------------------------------------------
*  Tables of argument and term coefficients
*  ---------------------------------------------
*  Luni-Solar argument multipliers:
*             L    L'    F    D    Om
      DATA ( ( NALS(I,J), I=1,5 ), J= 1,10 ) /
     :        0,    0,    Q,    0,    1,
     :        0,    0,    2,   -2,    2,
     :        0,    0,    2,    0,    2,
     :        0,    0,    0,    0,    2,
     :        0,    1,    0,    0,    0,
     :        0,    1,    2,   -2,    2,
     :        1,    0,    0,    0,    0,
     :        0,    0,    2,    0,    1,
     :        1,    0,    2,    0,    2,
     :        0,   -1,    2,   -2,    2 /
      DATA ( ( NALS(I,J), I=1,5 ), J=11,20 ) /
     :        0,    0,    2,   -2,    1,
     :       -1,    0,    2,    0,    2,
     :       -1,    0,    0,    2,    0,
     :        1,    0,    0,    0,    1,
     :       -1,    0,    0,    0,    1,
     :       -1,    0,    2,    2,    2,
     :        1,    0,    2,    0,    1,
     :       -2,    0,    2,    0,    1,
     :        0,    0,    0,    2,    0,
     :        0,    0,    2,    2,    2 /
      DATA ( ( NALS(I,J), I=1,5 ), J=21,30 ) /
     :        0,   -2,    2,   -2,    2,
     :       -2,    0,    0,    2,    0,
     :        2,    0,    2,    0,    2,
     :        1,    0,    2,   -2,    2,
     :       -1,    0,    2,    0,    1,
     :        2,    0,    0,    0,    0,
```

```
:         0,    0,    2,    0,    0,
:         0,    1,    0,    0,    1,
:        -1,    0,    0,    2,    1,
:         0,    2,    2,   -2,    2 /
   DATA ( ( NALS(I,J), I=1,5 ), J=31,40 ) /
:         0,    0,   -2,    2,    0,
:         1,    0,    0,   -2,    1,
:         0,   -1,    0,    0,    1,
:        -1,    0,    2,    2,    1,
:         0,    2,    0,    0,    0,
:         1,    0,    2,    2,    2,
:        -2,    0,    2,    0,    0,
:         0,    1,    2,    0,    2,
:         0,    0,    2,    2,    1,
:         0,   -1,    2,    0,    2 /
   DATA ( ( NALS(I,J), I=1,5 ), J=41,50 ) /
:         0,    0,    0,    2,    1,
:         1,    0,    2,   -2,    1,
:         2,    0,    2,   -2,    2,
:        -2,    0,    0,    2,    1,
:         2,    0,    2,    0,    1,
:         0,   -1,    2,   -2,    1,
:         0,    0,    0,   -2,    1,
:        -1,   -1,    0,    2,    0,
:         2,    0,    0,   -2,    1,
:         1,    0,    0,    2,    0 /
   DATA ( ( NALS(I,J), I=1,5 ), J=51,60 ) /
:         0,    1,    2,   -2,    1,
:         1,   -1,    0,    0,    0,
:        -2,    0,    2,    0,    2,
:         3,    0,    2,    0,    2,
:         0,   -1,    0,    2,    0,
:         1,   -1,    2,    0,    2,
:         0,    0,    0,    1,    0,
:        -1,   -1,    2,    2,    2,
:        -1,    0,    2,    0,    0,
:         0,   -1,    2,    2,    2 /
   DATA ( ( NALS(I,J), I=1,5 ), J=61,70 ) /
:        -2,    0,    0,    0,    1,
```

```
      :          1,    1,    2,    0,    2,
      :          2,    0,    0,    0,    1,
      :         -1,    1,    0,    1,    0,
      :          1,    1,    0,    0,    0,
      :          1,    0,    2,    0,    0,
      :         -1,    0,    2,   -2,    1,
      :          1,    0,    0,    0,    2,
      :         -1,    0,    0,    1,    0,
      :          0,    0,    2,    1,    2 /
          DATA ( ( NALS(I,J), I=1,5 ), J=71,77 ) /
      :         -1,    0,    2,    4,    2,
      :         -1,    1,    0,    1,    1,
      :          0,   -2,    2,   -2,    1,
      :          1,    0,    2,    2,    1,
      :         -2,    0,    2,    2,    2,
      :         -1,    0,    0,    0,    2,
      :          1,    1,    2,   -2,    2 /
 *  Luni-Solar nutation coefficients, unit 1e-7 arcsec:
 *  longitude (sin, t*sin, cos), obliquity (cos, t*cos, sin)
          DATA ( ( CLS(I,J), I=1,6 ), J= 1,10 ) /
      : -172064161D0, -174666D0,   33386D0,  92052331D0,    9086D0,  15377D0,
      :  -13170906D0,   -1675D0,  -13696D0,   5730336D0,   -3015D0,  -4587D0,
      :   -2276413D0,    -234D0,    2796D0,    978459D0,    -485D0,   1374D0,
      :    2074554D0,     207D0,    -698D0,   -897492D0,     470D0,   -291D0,
      :    1475877D0,   -3633D0,   11817D0,     73871D0,    -184D0,  -1924D0,
      :    -516821D0,    1226D0,    -524D0,    224386D0,    -677D0,   -174D0,
      :     711159D0,      73D0,    -872D0,     -6750D0,      0D0,    358D0,
      :    -387298D0,    -367D0,     380D0,    200728D0,      18D0,    318D0,
      :    -301461D0,     -36D0,     816D0,    129025D0,     -63D0,    367D0,
      :     215829D0,    -494D0,     111D0,    -95929D0,     299D0,    132D0 /
          DATA ( ( CLS(I,J), I=1,6 ), J=11,20 ) /
      :     128227D0,     137D0,     181D0,    -68982D0,      -9D0,     39D0,
      :     123457D0,      11D0,      19D0,    -53311D0,      32D0,     -4D0,
      :     156994D0,      10D0,    -168D0,     -1235D0,      0D0,     82D0,
      :      63110D0,      63D0,      27D0,    -33228D0,      0D0,     -9D0,
      :     -57976D0,     -63D0,    -189D0,     31429D0,      0D0,    -75D0,
      :     -59641D0,     -11D0,     149D0,     25543D0,     -11D0,     66D0,
      :     -51613D0,     -42D0,     129D0,     26366D0,      0D0,     78D0,
      :      45893D0,      50D0,      31D0,    -24236D0,     -10D0,     20D0,
```

```
     :    63384D0,      11D0,    -150D0,   -1220D0,      0D0,     29D0,
     :   -38571D0,      -1D0,     158D0,   16452D0,    -11D0,     68D0 /
     DATA ( ( CLS(I,J), I=1,6 ), J=21,30 ) /
     :    32481D0,       0D0,       0D0,  -13870D0,      0D0,      0D0,
     :   -47722D0,       0D0,     -18D0,     477D0,      0D0,    -25D0,
     :   -31046D0,      -1D0,     131D0,   13238D0,    -11D0,     59D0,
     :    28593D0,       0D0,      -1D0,  -12338D0,     10D0,     -3D0,
     :    20441D0,      21D0,      10D0,  -10758D0,      0D0,     -3D0,
     :    29243D0,       0D0,     -74D0,    -609D0,      0D0,     13D0,
     :    25887D0,       0D0,     -66D0,    -550D0,      0D0,     11D0,
     :   -14053D0,     -25D0,      79D0,    8551D0,     -2D0,    -45D0,
     :    15164D0,      10D0,      11D0,   -8001D0,      0D0,     -1D0,
     :   -15794D0,      72D0,     -16D0,    6850D0,    -42D0,     -5D0 /
     DATA ( ( CLS(I,J), I=1,6 ), J=31,40 ) /
     :    21783D0,       0D0,      13D0,    -167D0,      0D0,     13D0,
     :   -12873D0,     -10D0,     -37D0,    6953D0,      0D0,    -14D0,
     :   -12654D0,      11D0,      63D0,    6415D0,      0D0,     26D0,
     :   -10204D0,       0D0,      25D0,    5222D0,      0D0,     15D0,
     :    16707D0,     -85D0,     -10D0,     168D0,     -1D0,     10D0,
     :    -7691D0,       0D0,      44D0,    3268D0,      0D0,     19D0,
     :   -11024D0,       0D0,     -14D0,     104D0,      0D0,      2D0,
     :     7566D0,     -21D0,     -11D0,   -3250D0,      0D0,     -5D0,
     :    -6637D0,     -11D0,      25D0,    3353D0,      0D0,     14D0,
     :    -7141D0,      21D0,       8D0,    3070D0,      0D0,      4D0 /
     DATA ( ( CLS(I,J), I=1,6 ), J=41,50 ) /
     :    -6302D0,     -11D0,       2D0,    3272D0,      0D0,      4D0,
     :     5800D0,      10D0,       2D0,   -3045D0,      0D0,     -1D0,
     :     6443D0,       0D0,      -7D0,   -2768D0,      0D0,     -4D0,
     :    -5774D0,     -11D0,     -15D0,    3041D0,      0D0,     -5D0,
     :    -5350D0,       0D0,      21D0,    2695D0,      0D0,     12D0,
     :    -4752D0,     -11D0,      -3D0,    2719D0,      0D0,     -3D0,
     :    -4940D0,     -11D0,     -21D0,    2720D0,      0D0,     -9D0,
     :     7350D0,       0D0,      -8D0,     -51D0,      0D0,      4D0,
     :     4065D0,       0D0,       6D0,   -2206D0,      0D0,      1D0,
     :     6579D0,       0D0,     -24D0,    -199D0,      0D0,      2D0 /
     DATA ( ( CLS(I,J), I=1,6 ), J=51,60 ) /
     :     3579D0,       0D0,       5D0,   -1900D0,      0D0,      1D0,
     :     4725D0,       0D0,      -6D0,     -41D0,      0D0,      3D0,
     :    -3075D0,       0D0,      -2D0,    1313D0,      0D0,     -1D0,
```

```
     :     -2904D0,      0D0,      15D0,     1233D0,       0D0,        7D0,
     :      4348D0,      0D0,     -10D0,      -81D0,       0D0,        2D0,
     :     -2878D0,      0D0,       8D0,     1232D0,       0D0,        4D0,
     :     -4230D0,      0D0,       5D0,      -20D0,       0D0,       -2D0,
     :     -2819D0,      0D0,       7D0,     1207D0,       0D0,        3D0,
     :     -4056D0,      0D0,       5D0,       40D0,       0D0,       -2D0,
     :     -2647D0,      0D0,      11D0,     1129D0,       0D0,        5D0 /
     DATA ( ( CLS(I,J), I=1,6 ), J=61,70 ) /
     :     -2294D0,      0D0,     -10D0,     1266D0,       0D0,       -4D0,
     :      2481D0,      0D0,      -7D0,    -1062D0,       0D0,       -3D0,
     :      2179D0,      0D0,      -2D0,    -1129D0,       0D0,       -2D0,
     :      3276D0,      0D0,       1D0,       -9D0,       0D0,        0D0,
     :     -3389D0,      0D0,       5D0,       35D0,       0D0,       -2D0,
     :      3339D0,      0D0,     -13D0,     -107D0,       0D0,        1D0,
     :     -1987D0,      0D0,      -6D0,     1073D0,       0D0,       -2D0,
     :     -1981D0,      0D0,       0D0,      854D0,       0D0,        0D0,
     :      4026D0,      0D0,    -353D0,     -553D0,       0D0,     -139D0,
     :      1660D0,      0D0,      -5D0,     -710D0,       0D0,       -2D0 /
     DATA ( ( CLS(I,J), I=1,6 ), J=71,77 ) /
     :     -1521D0,      0D0,       9D0,      647D0,       0D0,        4D0,
     :      1314D0,      0D0,       0D0,     -700D0,       0D0,        0D0,
     :     -1283D0,      0D0,       0D0,      672D0,       0D0,        0D0,
     :     -1331D0,      0D0,       8D0,      663D0,       0D0,        4D0,
     :      1383D0,      0D0,      -2D0,     -594D0,       0D0,       -2D0,
     :      1405D0,      0D0,       4D0,     -610D0,       0D0,        2D0,
     :      1290D0,      0D0,       0D0,     -556D0,       0D0,        0D0 /
*    Interval between fundamental epoch J2000.0 and given date (JC).
     T = ( ( DATE1-DJ00 ) + DATE2 ) / DJC
*    -------------------
*    LUNI-SOLAR NUTATION
*    -------------------
*    Fundamental (Delaunay) arguments from Simon et al. (1994)
*    Mean anomaly of the Moon.
     EL = MOD (        485868.249036D0 +
     :            ( + 1717915923.2178D0 ) * T, TURNAS ) * DAS2R
*    Mean anomaly of the Sun.
     ELP = MOD (       1287104.79305D0 +
     :            ( + 129596581.0481D0 ) * T, TURNAS ) * DAS2R
*    Mean argument of the latitude of the Moon.
```

```
      F   = MOD (          335779.526232D0 +
      :            ( + 1739527262.8478D0 ) * T, TURNAS ) * DAS2R
*  Mean elongation of the Moon from the Sun.
      D   = MOD (          1072260.70369D0 +
      :            ( + 1602961601.2090D0 ) * T, TURNAS ) * DAS2R
*  Mean longitude of the ascending node of the Moon.
      OM  = MOD (          450160.398036D0 +
      :            (   - 6962890.5431D0 ) * T, TURNAS ) * DAS2R
*  Initialize the nutation values.
      DP = 0D0
      DE = 0D0
*  Summation of luni-solar nutation series (in reverse order).
      DO 100 I = NLS, 1, -1
*     Argument and functions.
         ARG = MOD ( DBLE ( NALS(1,I) ) * EL  +
      :              DBLE ( NALS(2,I) ) * ELP +
      :              DBLE ( NALS(3,I) ) * F   +
      :              DBLE ( NALS(4,I) ) * D   +
      :              DBLE ( NALS(5,I) ) * OM, D2PI )
         SARG = SIN(ARG)
         CARG = COS(ARG)
*     Term.
         DP = DP + ( CLS(1,I) + CLS(2,I) * T ) * SARG
      :          + CLS(3,I)               * CARG
         DE = DE + ( CLS(4,I) + CLS(5,I) * T ) * CARG
      :          + CLS(6,I)               * SARG
 100  CONTINUE
*  Convert from 0.1 microarcsec units to radians.
      DPSILS = DP * U2R
      DEPSLS = DE * U2R

*  ----------------------------
*  IN LIEU OF PLANETARY NUTATION
*  ----------------------------
*  Fixed offset to correct for missing terms in truncated series.
      DPSIPL = DPPLAN
      DEPSPL = DEPLAN

*  -------
*  RESULTS
*  -------
```

```
*   Add luni-solar and planetary components.
    DPSI = DPSILS + DPSIPL
    DEPS = DEPSLS + DEPSPL
    END
```

附录 D　计算可见区间程序

程序名：　　kjqu

使用说明：call kjqu(k,mbel,ptel,ptw,alph,beta,nn,N1,N2,sc)

其中，k 为目标序号

mbel(14,5000)	D 输入量，	目标根数
ptel(14,8)	D 输入量，	平台根数
ptw(16)	I 输入量，	需要计算的平台望远镜
alph, beta	D 输入量，	望远镜视场和安装偏转角
nn	I 输入量，	需要计算的望远镜数量
N1, N2	I 输入量，	开始计算时间和结束时间（秒）
sc	D 输入量，	sinA

程序功能：　在 unit=1 文件中输出可见区间

```
SUBROUTINE kjqu(k,mbel,ptel,ptw,alph,beta,nn,N1,N2,sc)
Integer k,mi,pt,pw,yes(-1:86400),n,th1,tm1,tmi1,th2,tm2,tmi2
Integer nptw,numb,ptw(16),nn,N1,N2
REAL*8 MBEL(14,5000),PTEL(14,8),ELMNT(14),ELMNT0(14),EL(14)
REAL*8 t,mjd,inc0,node0,alph,beta,J(2),EL0(14)
real*8 t1,t2,r0(3),r(3),rr,rr0,r0dw(3)
real*8 x(3),nr(3),ww(3),l(3),ll,sc
real*8 rp,dy,sun(3),xx,yy,z,al
J(1)=11467.88022D0
J(2)=0.001082626835D0
do i=1,14
elmnt(i)=mbel(i,k)
enddo
numb=elmnt(14)
mjd=elmnt(1)
do mi=1,nn
PT=PTW(MI)/10
PW=PTW(MI)-PT*10
nptw=ptw(mi)
```

```
do i=1,14
elmnt0(i)=ptel(i,PT)
enddo
yes=0

do n=N1,N2                      ! 时间循环开始
t=n/86400.0d0
call elmntJJ(elmnt,j,mjd,t,el)            ! 轨道外推
call elmntJJ(elmnt0,j,mjd,t,el0)          ! 轨道外推

call  elmntrd(el0,r0)                  ! 计算平台r向量
call  elmntrd(el,r)                    ! 计算目标r向量
rr0=sqrt(r0(1)*r0(1)+r0(2)*r0(2)+r0(3)*r0(3))
rr=sqrt(r(1)*r(1)+r(2)*r(2)+r(3)*r(3))

call smf(mjd+t,sun)                    ! 计算太阳坐标
rp=cos(sun(1))*cos(sun(2))*r(1)+sin(sun(1))*cos(sun(2))*r(2)
rp=rp+sin(sun(2))*r(3)

dy=(rr*rr-1.0075)
if (dy.lt.0) y=0
dy=-sqrt(dy)

r0dw(1)=r0(1)/rr0
r0dw(2)=r0(2)/rr0
r0dw(3)=r0(3)/rr0
inc0=el0(4)
node0=el0(5)
nr(1)=sin(node0)*sin(inc0)
nr(2)=-cos(node0)*sin(inc0)
nr(3)=cos(inc0)
CALL CRSPRODCTD(nr,R0DW,X)     ! 向量叉乘

l(1)=r(1)-r0(1)
l(2)=r(2)-r0(2)
l(3)=r(3)-r0(3)
ll=sqrt(l(1)*l(1)+l(2)*l(2)+l(3)*l(3))
l(1)=l(1)/ll
l(2)=l(2)/ll
```

```
l(3)=l(3)/ll
  if (pW.eq.1) then
ww(1)=cos(beta)*x(1)-sin(beta)*r0dw(1)
ww(2)=cos(beta)*x(2)-sin(beta)*r0dw(2)
ww(3)=cos(beta)*x(3)-sin(beta)*r0dw(3)
else
ww(1)=-cos(beta)*x(1)-sin(beta)*r0dw(1)
ww(2)=-cos(beta)*x(2)-sin(beta)*r0dw(2)
ww(3)=-cos(beta)*x(3)-sin(beta)*r0dw(3)
endif
z=ww(1)*l(1)+ww(2)*l(2)+ww(3)*l(3)
xx=nr(1)*l(1)+nr(2)*l(2)+nr(3)*l(3)
yy=(1.0d0-xx*xx-z*z)
if (yy.lt.0) yy=0
  yy=sqrt(yy)
xx=abs(atan(xx/z))
yy=abs(atan(yy/z))
al=alph
if ((z.gt.0).and.(rp.gt.dy).and.(xx.le.al).and.(yy.le.al)) then
  yes(n)=1
  if (yes(n-1).eq.0) then
  t1=n
  th1=n/3600
  tm1=n/60-th1*60
  tmi1=mod(n,60)
  endif
  else
  if (yes(n-1).eq.1) then
  t2=n-1
  th2=(n-1)/3600
  tm2=(n-1)/60-th2*60
  tmi2=mod(n-1,60)
  nk=int(t2-t1)
  if (nk.ge.9) then
  print 103, k,numb,nptw,th1,tm1,tmi1,th2,tm2,tmi2,nk,sc
  write(1,103) k,numb,nptw,th1,tm1,tmi1,th2,tm2,tmi2,nk,sc
  endif
  endif
endif
```

```
      enddo      !       时间循环结束
      if (yes(n2).eq.1) then
        t2=n2
        th2=n/3600
        tm2=n2/60-th2*60
        tmi2=mod(n2,60)
        nk=int(t2-t1)
        if (nk.ge.9) then
        print 103, k,numb,nptw,th1,tm1,tmi1,th2,tm2,tmi2,nk,sc
        write(1,103) k,numb,nptw,th1,tm1,tmi1,th2,tm2,tmi2,nk,sc
        endif
      endif
103   format(1x,i6,i6,i6,6(1x,i3),1x,i8,1x,f6.4)
      enddo
      end
!===============================================================
      subroutine elmntJJ(elmnt0,j,mjd,t,elmnt)
      real*8 elmnt0(11),j(2),MJD,T,elmnt(11),A,I,NODE,XI,ETA,LAMBDA1
      real*8 E,W,N,XTO2PID,N1,N2,N3,W1,W2,NODE1,NODE2,M1,M2,L1,L2,JP,P1
      real*8 SINI,SINI2,DT,DT2,DT3,DT4,DN,K,J3,COEF,DE0,DE,DW0,DW,J4
      J3=-2.535635D-6
      J4=-1.62336D-6
      A=ELMNT0(3)
      I=ELMNT0(4)
      NODE=ELMNT0(5)
      XI=ELMNT0(6)
      ETA=ELMNT0(7)
      LAMBDA=ELMNT0(8)
      N1=ELMNT0(9)
      N2=ELMNT0(10)
      N3=ELMNT0(11)
      DT=MJD-ELMNT0(1)-ELMNT0(2)+T
      DT2=DT*DT/2.0
      DT3=DT2*DT/3.0
      DT4=DT3*DT/4.0
      e=dsqrt(XI*XI+ETA*ETA)
      w=datan2(XI,ETA)
      p=A*(1.0d0-e*e)
      n=dsqrt(J(1)/A/A/A)
```

```
jp=0.75d0*j(2)*N/p/p
SINI=dSIN(I)
SINI2=SINI*SINI
COEF=-0.5/A*J3/J(2)*SINI
DE0=COEF*SIN(W)
DW0=COEF/E*COS(W)
NODE1=-2.0*JP*dCOS(I)*(1.0+0.25*J(2)/P/P*(15.0-19.0*SINI2)
1      -5.0/8.0*J4/J(2)/P/P*(4.0-7.0*SINI2))
W1=JP*(4.0-5.0*SINI2)
M1=JP*(2.0-3.0*SINI2)*dSQRT(1.0-E*E)
L1=M1+W1
DN=(N1*DT+N2*DT2+N3*DT3)*2.0/3.0/N
A=A-A*DN
E=E-(1.0-E)*DN
K=(7.0-8.0*E/(1.0+E))*N1/3.0/N
NODE2=K*NODE1
W2=K*W1
M2=(7.0-6.0*E/(1.0+E))*N1/3.0/N*M1
L2=M2+W2
NODE=NODE+NODE1*DT+NODE2*DT2
W  =W  +W1  *DT+W2  *DT2
DE=COEF*SIN(W)
DW=COEF/E*COS(W)
E=E+DE-DE0
W=W+DW-DW0
XI=E*dSIN(W)
ETA=E*dCOS(W)
LAMBDA=LAMBDA+(N+L1)*DT+(N1+L2)*DT2+N2*DT3+N3*DT4
ELMNT(1)=MJD
ELMNT(2)=T
ELMNT(3)=A
ELMNT(4)=ELMNT0(4)
elmnT(5)=xto2piD(NODE)
elmnT(6)=XI
elmnT(7)=ETA
elmnT(8)=xto2piD(LAMBDA)
ELMNT(9)=ELMNT0(9)+ELMNT0(10)*DT+ELMNT0(11)*DT2
ELMNT(10)=ELMNT0(10)+ELMNT0(11)*DT
ELMNT(11)=ELMNT0(11)
```

```
    elmnt(12)=elmnt0(12)
    elmnt(13)=elmnt0(13)
    elmnt(14)=elmnt0(14)
    end
!===============================================================
    subroutine elmntrD(elmnt,r)
    real*8 elmnt(8),r(3),a,e,EE,W,M,MTOED
    a=elmnt(3)
    W=datan2(elmnt(6),elmnt(7))
    e=dsqrt(elmnt(6)*elmnt(6)+elmnt(7)*elmnt(7))
    M=elmnt(8)-W
      EE=MTOED(M,e)
     r(1)=a*(dcos(EE)-e)
    r(2)=a*dsqrt(1-e*e)*dsin(EE)
    r(3)=0
        call ROTATIOND(3,-W,R)
        call ROTATIOND(1,-elmnt(4),R)
        call ROTATIOND(3,-elmnt(5),R)
    return
    end
!===============================================================
    SUBROUTINE ROTATIOND(II,CITA,RR)
    REAL*8 CITA,RR(3),Y,Z,S,C
    INTEGER II,J,K
    J=MOD(II+1,3)
    K=MOD(II+2,3)
    IF (II.EQ.1) K=3
    IF (II.EQ.2) J=3
    Y=RR(J)
    Z=RR(K)
    S=SIN(CITA)
    C=COS(CITA)
    RR(J)=Y*C+Z*S
    RR(K)=-Y*S+Z*C
    RETURN
    END
!===============================================================
    SUBROUTINE CRSPRODCTD(A,B,C)
    REAL*8 B(3),C(3),A(3)
```

```
      C(1)=A(2)*b(3)-a(3)*b(2)
      C(2)=A(3)*b(1)-a(1)*b(3)
      C(3)=A(1)*b(2)-a(2)*b(1)
      end
!===========================================================
      function MTOED(m,e)
      real*8 m,e,e1,e2,MTOED
      e2=0.0d0
      e1=m
10    IF (abs(e2-e1).LE.0.5d-14) GOTO 11
      e2=e1
      e1=m+e*Dsin(e2)
      GOTO 10
11    MTOED=e1
      End
!===========================================================
      SUBROUTINE SMF(mjd,SUNMOON)
      REAL*8 JDT,T,T2,PCN,A16E18W
      REAL*8 G,L,A,C,N,D,B,E,V,W,M,J,LL,GG,AA,NN,CC,DD,BB,VV
      REAL*8 SUNMOON(3),VS,US,WS,mjd
      PCN=57.295779513D0
      jdt=mjd+2400000.5d0
      T=(JDT-2415020.0D0)/36525.0D0
      T2=T*T
      G= 358.475833D0 + 35999.049750D0*T - 0.0000150D0*T2
      G= DMOD(G,360.0D0)/PCN
      L= 279.696678D0 + 36000.768920D0*T + 0.000303D0*T2
      L= DMOD(L,360.0D0)/PCN
      A= 296.104608D0 + 477000.0D0*T + 198.849108D0*T + 0.009192D0*T2
      A= DMOD(A,360.0D0)/PCN
      C= 270.434164D0 + 480960.0D0*T + 307.883142D0*T - 0.001133D0*T2
      C= DMOD(C,360.0D0)/PCN
      N= 259.183275D0 -   1800.0D0*T - 134.142008D0*T + 0.002078D0*T2
      N= DMOD(N,360.0D0)/PCN
      D= 350.737486D0 + 444960.0D0*T + 307.114217D0*T - 0.001436D0*T2
      D= DMOD(D,360.0D0)/PCN
      B=  11.250889D0 + 483120.0D0*T +  82.025150D0*T - 0.003211D0*T2
      B= DMOD(B,360.0D0)/PCN
      E=  98.998753D0 +  35640.0D0*T + 359.372886D0*T
```

```
      E= DMOD(E,360.0D0)/PCN
      V= 212.603219D0 + 58320.0D0*T + 197.803875D0*T + 0.001286D0*T2
      V= DMOD(V,360.0D0)/PCN
      W= 342.767053D0 + 58320.0D0*T + 199.211911D0*T + 0.000310D0*T2
      W= DMOD(W,360.0D0)/PCN
      M= 319.529425D0 + 19080.0D0*T + 59.858500D0*T + 0.000181D0*T2
      M= DMOD(M,360.0D0)/PCN
      J= 225.444651D0 +  2880.0D0*T + 154.906654D0*T
      J= DMOD(J,360.0D0)/PCN
      GG=G+G
      LL=L+L
      AA=A+A
      CC=C+C
      NN=N+N
      DD=D+D
      BB=B+B
      NN=N+N
      VV=V+V
      A16E18W=A+16.0D0*E-18.0D0*W
C     SUN
      VS= (0.397930-0.000208*T)*SIN(L)
     1   +(0.009999-0.000030*T)*SIN(G-L)
     1   +(0.003334-0.000010*T)*SIN(G+L)
     1   +0.000042*SIN(GG+L)-0.000040*COS(L)
     1   -0.000039*SIN(N-L)  -0.000014*SIN(GG-L)
     1   -0.000010*COS(G-L-J)
      US=1.000421 - (0.033503-0.000084*T)*COS(G)
     1     - 0.000140*COS(GG)
     1     - 0.000033*SIN(G-J)+0.000027*SIN(GG-VV)
      WS= (-0.041295+0.000046*T)*SIN(LL)
     1   +(0.032116-0.000080*T)*SIN(G)
     1   -0.001038*SIN(G-LL)-0.000346*SIN(G+LL)
     1   -0.000095         -0.000079*SIN(N)
     1   +0.000068*SIN(GG)  +0.000030*SIN(C-L)
     1   -0.000025*COS(G-J)
     1   +0.000024*SIN(GG+GG-M-M-M-M-M-M-M-M+J+J+J)
     1   -0.000019*SIN(G-V)  -0.000017*COS(GG-VV)
C     TYPE *, T,G,L,A,C,N,D,B,E,V,W,M,J
      SUNMOON(1)=L+ASIN(WS/SQRT(US-VS*VS))
```

```
SUNMOON(2)=ASIN(VS/SQRT(US))
SUNMOON(3)=SQRT(US)
sunmoon(1)=sunmoon(1)
1  +46.12D0/206265.D0*(51544.5D0-MJD)/365.25D0
RETURN
END
```

后　记

本书从 2021 年元旦开始，历时 6 个月，经大家努力，基本完成了。

本书完成后，有几个"没有想到"。第一个"没有想到"是，天基篱笆的探测目标数量和观测弧段数量有这么多。一个 8 平台沿轨篱笆，对于 4640 个目标，每天能观测到 32 万个弧段。

第二个"没有想到"是，在一个望远镜视场内，有几十个目标同时可见。如果目标数量增加，观测弧段数和望远镜内目标数量还会呈比例增加。

对于近地目标编目，这当然是好事。我们的编目能力大大提高了，我们的定轨精度也大大提高了。但是，这导致研制天基篱笆的困难程度也大大地增加了。

首先，我们需要研制视场为 $20° \times 20°$ 的探测器，现在还有一定难度；其次，图像处理能力也需要提高，在一个视场内同时提取 100 个动目标，毕竟不是容易的事，起码迄今为止我们没有面对过这么高的要求。

第三个"没有想到"是，在天基观测数据的初轨计算和轨道关联方面我们遇到了很大的困难。

由于天基观测的天顶距大于 90°，原来计算 ρ 的方法不再适用，导致处理地面观测数据的圆轨道初轨计算方法失灵了。至今，对于单弧段的初轨计算，我们还没有找到很好的初轨计算方法，幸好沿轨篱笆有两个以上平台的同步观测，勉强解决了问题。显然，这个问题还需要进一步的研究。

对于轨道关联，关键仍是计算正确的 ρ_i，首先可用下式计算：

$$\rho_i = -\frac{\boldsymbol{l}_i \cdot \boldsymbol{N}}{\boldsymbol{r}_{0i} \cdot \boldsymbol{N}} \tag{1}$$

式中，$\boldsymbol{r}_{0i}$ 为 t_i 时刻的平台地心向量；$\boldsymbol{l}_i$ 为在轨道坐标系中观测方向的定位向量。再计算

$$\boldsymbol{r}_i = \boldsymbol{r}_{0i} + \rho_i \cdot \boldsymbol{l}_i$$

将计算的 $\boldsymbol{r}_i$ 做坐标变换，变换到 x 轴指向轨道升交点、z 轴指向轨道面法向、xyz 轴组成右手系的坐标系中，即

$$r_{Ni} \equiv \begin{pmatrix} x_i \\ y_i \\ z_i \end{pmatrix} = R_x(i)R_z(\Omega)r_i$$

这里，i 和 Ω 为已知目标的倾角和升交点赤经；R_x 和 R_z 为坐标旋转矩阵，于是有

$$u_i = \arctan(y_i / x_i)$$
$$\Delta T_i = (\lambda_{0i} - \lambda_i) / n$$
$$\Delta r_i = r_i - |r_i|$$
$$r_i = \frac{a(1-e^2)}{1 + e\cos(u_i - \omega)}$$

式中，n 为目标的平运动；a 为半长径；e 为偏心率。

$$\rho_i^1 = -\sqrt{r_i^2 - r_{0i}^2 \sin^2 z_i} - r_{0i}\cos z_i$$
$$\rho_i^2 = +\sqrt{r_i^2 - r_{0i}^2 \sin^2 z_i} - r_{0i}\cos z_i$$
$$r_{0i}\cos z_i = l_i \cdot r_{0i}$$
$$r_{0i}^2 \sin^2 z_i = r_{0i}^2 - r_{0i}^2 \cos^2 z_i$$

将式（1）计算的 ρ_i 与上式计算的 ρ_i^1, ρ_i^2 进行比较，选出接近的一个作为正确的 ρ_i，再用地面数据相同的过程，计算 $\Delta T_i, \Delta \theta_i$ 和 a_0, a_1, b_0, b_1：

$$r_i = r_{0i} + \rho_i \cdot l_i$$
$$r_{Ni} \equiv \begin{pmatrix} x_i \\ y_i \\ z_i \end{pmatrix} = R_x(i)R_z(\Omega)r_i$$
$$u_i = \arctan(y_i / x_i)$$
$$\Delta T_i = (\lambda_{0i} - \lambda_i) / n$$
$$\Delta \theta_i = \arcsin(z_i / r_i)$$
$$\Delta T_i = a_0 + a_1(t_i - t_0) + \xi_i$$
$$\Delta \theta_i = b_0 + b_1(t_i - t_0) + \eta_i$$

使用相同的门限，就可完成关联，得到很好的结果。但是，由于该方法计算比较麻烦，而且在用式（1）计算 ρ_i 时，会受到 $r_{0i} \cdot N$ 较小的影响，因此，考虑到现在目标轨道沿迹差较小，我们在书中，仍采用了简单的计算 ρ_i 的公式：$\rho_i = |r_i - r_{0i}|$，特此说明。

最后，要感谢柳仲贵和牛照东同志，在完成本书时，我们进行了有益的讨论。在此还要感谢傅燕宁和成灼，他们对计算转移矩阵 M_{CIO} 提出了有益的建议。

作　者

2021 年 6 月